新时期

枣庄市水资源保护与优化配置研究

管明坤　张其成　闫丽娟　刘　翀◎编著

·南京·

图书在版编目(CIP)数据

新时期枣庄市水资源保护与优化配置研究 / 管明坤等编著. -- 南京 : 河海大学出版社, 2023.12

ISBN 978-7-5630-7902-5

Ⅰ. ①新… Ⅱ. ①管… Ⅲ. ①水资源保护－研究－枣庄 Ⅳ. ①TV213.4

中国国家版本馆 CIP 数据核字(2023)第 219807 号

书　　名　新时期枣庄市水资源保护与优化配置研究
书　　号　ISBN 978-7-5630-7902-5
责任编辑　章玉霞
特约校对　袁　蓉
封面设计　徐娟娟
出版发行　河海大学出版社
地　　址　南京市西康路 1 号(邮编:210098)
电　　话　(025)83737852(总编室)　(025)83722833(营销部)
　　　　　(025)83787763(编辑室)
经　　销　江苏省新华发行集团有限公司
排　　版　南京布克文化发展有限公司
印　　刷　广东虎彩云印刷有限公司
开　　本　700 毫米×1000 毫米　1/16
印　　张　12.75
字　　数　227 千字
版　　次　2023 年 12 月第 1 版
印　　次　2023 年 12 月第 1 次印刷
定　　价　69.00 元

前言
Preface

水资源是生命性资源、基础性资源、战略性资源，是资源的资源，是人类社会发展的重要物质基础。人类的发展与进步面临着人口膨胀、资源短缺、环境恶化和生态破坏四大问题，这四大问题均与水有着密切的联系。党的十八大以来，我国坚持水资源可持续利用，重视节约保护水资源；全面加强了水生态保护与修复，推进了最严格的水资源管理制度，加快了节水型社会建设的各项工作；坚持统筹兼顾，重视水利协调；坚持现代化发展方向，重视水资源信息化建设；坚持经济效益、社会效益、生态效益三者统一，注重开发利用与开发保护。但是展望未来，水资源问题依然是社会经济发展与生态环境保护的“瓶颈”。

党的十九大报告中指出“中国特色社会主义进入了新时代”，我国社会的主要矛盾已经转化为人民日益增长的美好生活需要和不平衡不充分的发展之间的矛盾。党的十九届五中全会和六中全会对立足新发展阶段、贯彻新发展理念、构建新发展格局、推动高质量发展提出了明确要求。随着新时代的到来，新阶段水利质量发展也对水资源开发利用与保护提出了更高要求。

枣庄市位于山东省南部，自 2012 年全国实行最严格水资源管理制度以来，枣庄市水利部门认真组织实施最严格水资源管理制度，水资源开发利用和保护工作取得了扎实成效。但是枣庄市面积偏小、水量总体偏少、人均占有量不多，许多河流断流，明泉不再复涌；加之长期依赖地下水，导致全市地下水埋深一直比较低，一度加剧了河流断流的情况。水资源承载能力的有限性对枣庄市今后社会事业和国民经济的可持续发展构成了极大的威胁，也成为制约各城镇国民经济发展的主要因素。为了缓解枣庄市水资源短缺的问题，提高枣庄市水资源生态环境质量，改善人民群众的生活水平，促进经济社会系统、生态环境系统和水资源系统的协调发展，实现水资源的可持续利用，必须寻找一种新的发展观念和发展模式，走基于可持续发展的水资源配置之路，全力以赴推动新阶段枣庄市经济社会的高质量发展。

本书主要由管明坤负责策划统稿，第二、三章主要由闫丽娟、刘翀编写，第四章由张其成、刘翀编写，第五、六章由刘翀、闫丽娟编写，第七、八章由管明坤、张其成、闫丽娟编写，其余章节由管明坤、张其成编写，张月月、胡星星、江翀参与了部分数据分析与图表绘制工作。

本书在编写过程中，得到了枣庄市城乡水务局有关领导和专家的热忱指导，得到了枣庄市水利勘测设计院有关同事的大力支持和帮助，在此表示衷心的感谢！

由于编写时间仓促，作者水平有限，不当之处恳请读者批评指正。

编著者

2023年11月

目录
Contents

第一章

绪论

水资源是生态环境的控制性要素，水量、水质、水生态是水作为资源的基本属性。水资源是一种动态、可再生的资源，地表水与地下水相互转换，上下游、干支流、左右岸相互关联，水量、水质和水生态相互影响、相互制约。水资源的短缺，迫使枣庄市寻找水资源的最佳分配策略，以实现有限水资源发挥最大效益的愿望，这是枣庄市开展水资源优化配置研究的前提条件和动力。而从鼓励、支持水资源的开发利用转向水资源的合理配置和有效保护，是枣庄市未来发展的必然选择。

第一节 研究背景

水危机已经严重制约了人类的可持续发展。作为一个发展中国家，我国的水资源问题更加突出，其严重程度比世界平均水平更加恶劣。据统计，我国通过水体循环而更新的地表水和地下水的多年平均水资源总量约为28 000亿 m^3，居世界第六，仅次于巴西、苏联、加拿大、美国和印度尼西亚。但是，我国人均水资源量仅为2 200 m^3，还不到世界人均水资源占有量的1/4，列世界第121位，是一个名副其实的贫水国家。由于我国幅员辽阔，水资

注：1. 本书计算数据或因四舍五入原则，存在微小数值偏差。
2. 本书所使用的市制面积单位“亩”，1亩≈666.7 m^2。

源的时间和空间分布也极不均衡，绝大部分的降水受季风气候的影响集中在夏季，汛期降水量占了全年降水总量的60%到80%。且我国的淡水资源有近2/3都来源于暴雨的径流量，因此普遍形成了汛期洪水和非汛期枯水的现象。

我国的水资源南北分配的差异非常明显，长江流域及其以南地区人口占了全国人口的54%，但是水资源占了81%；北方人口占46%，水资源只有19%，简而言之，就是“南多北少、东多西少”。20世纪70年代开始闹水荒，80年代以来中国的水荒由局部逐渐蔓延到全国，情势越来越严重，给农业和国民经济带来了严重的影响，全国的缺水情况是：北方资源型缺水、南方水质型缺水、中西部工程型缺水。随着人口增长，城市化进程加快，人类对水资源的需求大大增长。水资源时空分布不均、水资源分布不协调，都造成了我国水资源供需矛盾突出。尤其在干旱的北方地区，水资源供需矛盾已成为国民经济和社会发展的制约因素。水资源短缺、供需矛盾突出，除去水资源本身特性、水污染严重，还与水资源浪费有关。我国水资源利用效率与发达国家存在一定的差距。农业用水占全国的6%，农田灌溉水有效利用系数约为0.572，部分地区依然采用较为落后的灌溉方式；工业用水中单位产品耗水量与发达国家依然存在较为明显的差距。

枣庄市处于缺水的北方地区，是以火电、煤炭、建材、化工等为主导的工业型城市，城市基础设施比较完善。20世纪80年代后期，随着工业的发展和城市规模的迅速膨胀，需水量急剧增加，城市缺水矛盾十分突出，直接导致了城区两处地下水源地长期过量开采，并由此引发了大面积的地面塌陷等环境地质灾害，十里泉水源地成为全国典型的地下水塌陷区。同时，枣庄市地处淮河流域，京杭运河横穿城市南部地区，境内全长39 km，是南水北调东线工程的重要输水路段。2013年南水北调东线工程一期正式通水后，枣庄市平均每年水资源可利用量为11.5亿 m^3，人均占有水资源量约为400 m^3，不足全国平均水平的1/6，属于严重缺水城市。淮河流域水污染防治和南水北调东线工程也对枣庄市水质条件提出更高的要求。

本书结合当前我国社会经济发展的需求，基于水资源保护与优化配置的最新理念，分析枣庄市水资源条件及开发利用态势，水资源承载力和水资源供需平衡情况及其与经济发展、居民生活水平提高等方面相互关系，探寻有效、合理的水资源配置方案，以点带面，寻找解决枣庄市水资源危机的有效途径，以促进枣庄市“经济-社会-环境”均衡、协调发展。

第二节 相关概念

一、水资源

水资源的定义可由自然资源定义直接引申出来,但时至今日还没有一个统一的描述。如 2002 年 10 月 1 日起施行的《中华人民共和国水法》将水资源定义为“地下水和地表水”;联合国教科文组织(UNESCO)和世界气象组织(WMO)共同制定的《水资源评价活动——国家评价手册》中则定义水资源为“可以利用或有可能被利用的水源,具有足够数量或可用的质量,并能在某一地点为满足某种用途而可被利用”。一般认为,水资源的概念有广义和狭义之分。广义的水资源是指能够直接或间接使用的各种水和水中物质,在社会生活和生产中具有使用价值和经济价值的水;狭义的水资源则是指人类在一定的经济技术条件下能够直接使用的淡水。

水资源除了“直接”使用的功能外,还具有重要的环境生态功能。它不停地运动着,积极参与自然环境和社会环境中一系列物理的、化学的和生物过程。由于其特有的开放性和溶解性,水是一种对人类社会影响最大,同时又最受人类活动影响、最容易被滥用与损害(污染)、最“活跃”的自然资源。除了具有资源的一般共性外,水资源还具有不可替代性、循环性与可再生性、稀缺性、分布的不均匀性、利用的多样性和综合性、利害的双重性以及公共性与非公共性。

二、水循环

(一) 水的自然循环

水在大自然中以 3 种方式存在——固态、液态和气态,因此得以分布于水圈、大气圈、岩石圈、生物圈的各个范畴并且交替、循环。在自然界中水的周而复始的循环运动就是水的自然循环。它是指在太阳辐射和地心吸引力的作用下,水从海洋中蒸发变成云也就是水汽和云,地表的风又将云送到陆地上空，以降雨、降雪或者冰雹的形式落回地面，然后一部分蒸发，一部分在地表形成径流汇入江河或者渗入地下水层形成地下径流，最终流入大海并开始了新一轮的循环(详情见图 1.2-1)。

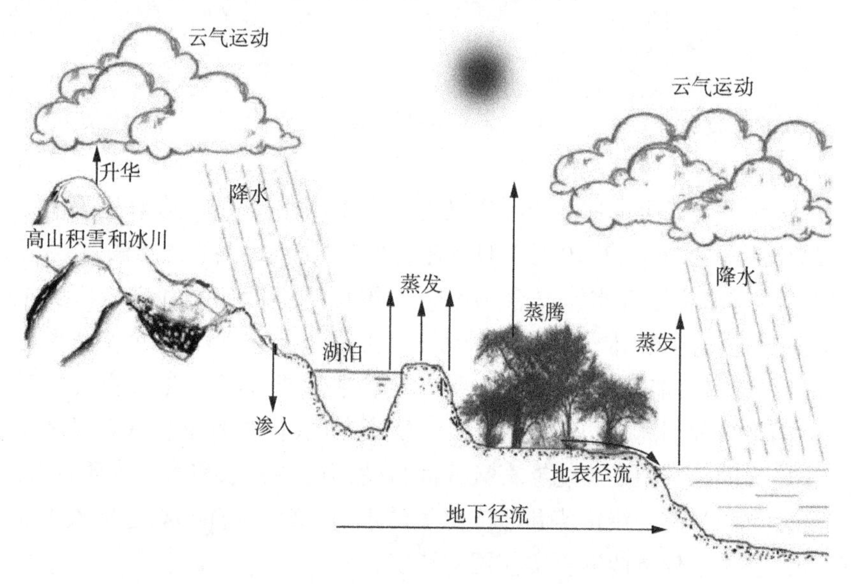

图 1.2-1　水的自然循环

水的自然循环是一个庞大的系统，各种水体通过蒸发、蒸腾、水汽输送、降水、地表径流、下渗、地下径流等一系列环环相扣的过程，把水圈与大气圈、岩石圈、生物圈等有机地联系了起来。在这个循环系统中，只有水这一要素是守恒的，但是它也是在不断转化、运动的，因此地球上各类水体的状态一直在变化而形成一个动态的平衡。

在水的自然循环过程中，不但存在着水量的动态平衡关系，还存在着水质的动态平衡关系。水的质量也是再生的。水质的动态平衡体现在水随着降水、降雪、冰雹等落到地面和地表水体后，势必会携带一定量的有机或无机物质一起下渗或者产生径流，在水的地下、地表径流运动中，这些有机或无机物质通过稀释、吸附、沉淀、化学反应或被水中的微生物所分解，使得地下和地表水质维持在原有水平上，在水的整个运动过程中形成一个动态平衡。

(二) 水的社会循环

自然条件的变化毫无疑问会影响到水的循环，然而人类活动的介入才是改变水的自然循环途径的根本。人类对水环境影响的方式可分为间接干预和直接干扰。间接干预即指通过人类活动引起环境的变化影响水资源系统的输入输出过程。直接干扰则是以改变水的自然循环系统结构的方式改变水环境和水资源的自然状态。水的社会循环就是指在水的自然循环中,人类不断地利用地表径流、地下径流来满足其生产生活的需要,再将用后的污水、废水排入自然水体,产生新的人工水循环,详情见图 1.2-2。

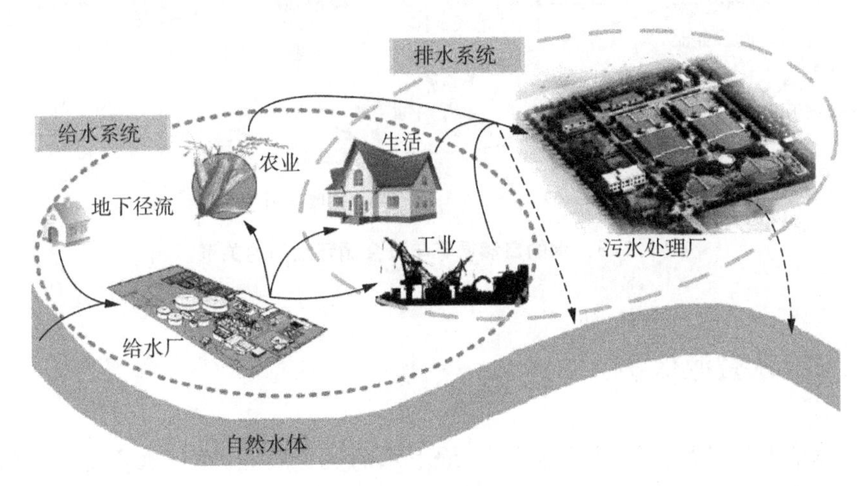

图 1.2-2 水的社会循环

(三) 水自然循环与社会循环的关系

水的社会循环掺杂了人类活动的水的自然循环,是一个带有强烈的人类烙印的特殊水循环类型。但是,水的社会循环仍然包含于全球范围内水的自然循环之下,并且对它产生了强烈的相互作用,也不同程度地改变着自然界里水的自然循环形态。人类每年提取的地表及地下径流量可以达到全球可再生水资源总量的10%左右,明显地改变了河流的入海量和对地下水层的补给,使得水资源的自然循环系统中水量在不同层次、不同区域都发生了显著变化。自然水体水质的退化,使得在水的自然循环系统中可以再被水的社会循环所用的水量也会大大下降,这也再一次印证了水的自然循环和水的社会循环之间不可分割的关系(图 1.2-3)。

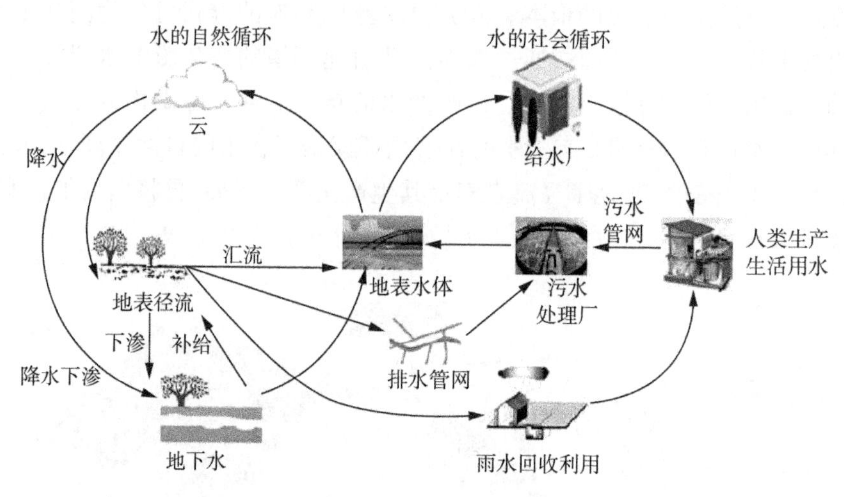

图 1.2-3　水的自然循环与社会循环之间的关系

三、水资源保护

水资源保护是指为保护地表水、地下水的资源属性，实现水资源可持续利用而采取的法律、行政、技术和经济等措施。水通过流动性将流域上下游、左右岸联系起来，通过它对经济社会与生态环境系统的支撑而将社会经济系统与生态环境系统联系起来。水的质量、数量及其生态系统是水资源功能得以持续发挥的基本条件，水质、水量、水生态又是相互作用和影响的有机整体，水资源保护应统筹考虑水质、水量、水生态保护的目标和需求。各个城市为了有效保护水资源，实现水资源的可持续利用，必须建立以流域为单元、流域与区域相结合、管理与保护相统一的水资源保护工作体系，强化统一管理；制定和完善水资源保护政策法规体系，建立水资源保护经济机制，加强水资源保护能力建设和舆论宣传工作，全面深化水资源的保护工作。

四、水资源优化配置

水资源优化配置是指在一个特定的区域内，以公平、效率、协调、安全为原则，以经济、社会、生态环境的综合效益为最大目标，通过各种工程与非工程措施，对水资源在不同时间、空间、部门间、水源间进行协调，达到人水和谐，实现水资源的可持续利用和经济社会的可持续发展。

20 世纪 90 年代，我国水资源出现短缺，水污染不断加重，水资源优化配置的概念在此背景下被明确提出，并逐步被应用到水资源的规划和管理中。近年来，随着科学技术的飞速发展，空间优化决策变得日益重要，也更加复杂。传统的水资源优化方法往往忽略了水资源空间配置的优化，使传统的数学模型容易脱离实际，难以全面考虑复杂、抽象的优化因素，不便组织多源的相关数据进行综合分析，不能为决策人员提供直观、交互的分析工具。随着地理信息系统(GIS)技术的发展，特别是 GIS 技术与建模技术和优化技术的融合，传统优化方法面临的问题便迎刃而解了。GIS 提供了水资源系统的空间表达和空间关系，将空间尺度融合到传统水资源数据集合中，包括与水资源优化相联系的社会、经济和环境因素，使它们能够在 GIS 平台上被使用，而且相关的空间分析能力对于解决复杂的水资源规划和管理问题是非常有用和必要的。

第三节 国内外研究进展

一、国内研究进展

(一) 水资源保护

1. 水质保护

河流水质随时间序列变化的规律往往是复合型的，是一种由趋势性、周期性和波动(随机)性三种趋势叠加形成的时间序列变化规律。研究水质变化趋势的方法有很多种，从大类上可以分为直接法和间接法，我国广泛采用的是通过污染源调查，分析污染源的污染物排放情况，从而进一步推断河流水质变化的趋势，是一种间接法。直接法是利用数理统计、模型推演等手段对水质数据的时间序列情况进行分析，从而得出水质评价指标的变化趋势。相较于间接法，直接法更加直接、有说服力。直接法包括回归分析法、时间序列分析法、水质灰色预测模型(GM)法、平滑模型及隶属于非参数检验法的季节性肯德尔(Kendall)检验数学模型等。在河流水质保护对策研究方面，国内学者同样做出了众多的研究成果。张乐乐等利用生物学对松花江干流同江断面水质进行了评价，结合水质变化的趋势分析，明确了该断面特征污染物的类型，为防治结合、水质和水量有机结合的松花江建立了基础。胡官正和曾维华等以湟水流域小峡桥断面上游及其支流为例，构建并分类了河段划分指标体系，将河段单元划分为水源保护与生态修复区、农田面源污染与水土保持区、工业点源污染控制与河道生态修复区、畜禽养殖污染控制区、城市合流制溢流控制区(CSO)管制与河道黑臭水体修复区，基于“决策树”判别，从需求性与可靠性两方面进行分析，绘制了各河段水生态环境治理技术路线图，并指出各类技术适宜的引进与应用时段。张慧等利用综合污染指数对大黑河水环境质量进行类别评判和现状分析，从河流水质、污水处理能力和处理设施、综合监管等方面分析了大黑河流域水环境治理工程存在的问题，并提出了改善大黑河水环境质量的对策和建议。庄文贤等以连云港市城市河流污染情况为基础条件，分析了该市河流污染主要原因及治理过程中存在的问题，从总体规划、硬件建设、加强监管等方面提出了水污染治理的对策。孔小婷分析了城市河流水污染产生的原因，对河流水污染的物理治理法(截污分流、引水冲污)、化学处理法(化学除藻技术、重金属化学固定技术)、生物治理法以及政策引导治理等方法进行了较为全面的分类介绍。

2. 水量保护

节水型社会的提出经历了从微观改进到宏观调控的过程，节水概念由最初的“农业节水”修改为“节水型农业”，再延伸到“工业节水”和“节水型城市”，最后过渡到“节水型社会建设”。2001 年全国人大九届四次会议提出：建立合理的水资源管理体制和水价形成机制，发展节水型产业，建立节水型社会。2005 年党的十六届五中全会提出：建设资源节约型、环境友好型社会。2017 年水利部又提出“节水型社会达标建设”新概念。节水型社会建设评价指标体系中主观赋权法被研究人员频繁使用。陈莹等利用层次分析法建立了“综合目标分层次模型”，并以绵阳市为例，得出绵阳市节水型社会建设综合评价指数以及子系统的现实指数。乔维德[9]改进传统评价方法，利用层次分析法确定一套节水型社会建设评价指标体系，并构建出人工神经网络(ANN)评价模型。刘飞飞等提出以最严格水资源管理“三条红线”为准则，构建指标体系包括目标层、系统层、指标层等，并以昆山市为试点地区进行评价。指标客观赋权法也常在节水型社会建设研究中被使用。例如，黄乾等基于熵权法和模糊物元模型构建评价指标体系，并应用于山东省节水型社会建设研究。王婷婷从潍坊市水资源开发、供用水基本情况出发，选用主成分分析法构建一套评价指标体系，并对潍坊市进行了评价。张欣莹等从水资源、社会经济以及节水潜力等方面出发，运用熵权法结合模糊综合评价法对陕西地区节水型社会建设水平进行评价。

3. 水生态保护

20 世纪 90 年代，中国步入经济发展高速阶段。此过程导致河流生态系统恶化、河道修建模式单一、滨水景观破坏，从而引起国内学者在生态修复方面的理论及实践探索。在理论研究方面，2004 年董哲仁首次提出了“生态水工学”概念及其理论框架，认为河流生态修复应首先从恢复消失的河岸带植被和湿地群落入手，主张融合生态学、植物修复等理论的修复策略。严德武以秦淮河水质污染为切入点，运用植物修复理念，选取不同的水生植物进行净水实验，得出适合当地水质净化的植物配置。姚小琴、窦华港以天津海河廊道改造工程为研究对象，提出城市河流生态修复的网格模式。王浩等的《水生态系统保护与修复理论和实践》一书，系统、全面地概括了河流生态修复的理论及实践经验。在实践和方法方面，谭巧矛以南宁市内河道为实证，对可以采取的挖湖滞洪、截污治污、生态恢复、景观设置等工程措施进行协调实施，提出城市河道治理应该有别于传统的河道整理，需多专业协调推进。周亚莉针对城市河道渠化、截弯取直等严重干扰河流生态的问题，提出了在城市河流生态修复与设计中应该融入景观理念，使生态修复兼顾景观性、生态性、净化水质等多方面。许甘芸、陈骏分析了南河生态环境的修复方法和策略，提出将河流的生物、植物纳入城市公共空间。刘滨谊提出建设“生态化滨水驳岸”的建议，通过保留和创造生态湿地、增强系统的联系性，建设生态驳岸。俞孔坚等提出“生态治水”理念，在河流廊道规划设计中主张建造“自然呼吸”河道，以恢复河道弹性和韧性，与生态雨洪概念相结合构建河流湿地。王敏等认为对城市河流修复的认识不能仅停留在景观层面，应综合文化要素、空间要素、生态要素和载体要素四大要素，符合修复的近自然化的要求。

（二）水资源优化配置

我国水资源优化配置研究是从 20 世纪 60 年代开始的，主要经历了三个阶段：首先是 60 年代初期到 80 年代初期，受经济发展水平和计算技术条件的限制，水资源的开发利用主要局限于满足用水部门对水量、水能的需求，优化配置尽可能达到各用水部门最小缺水量的要求；其次是 80 年代中期到 90 年代初，优化目标也转为追求经济的发展，寻求供水效益最大化；随着地球生态环境和自然资源遭到严重破坏，保护生态环境的呼声日益高涨，90年代后期我国水资源优化配置的研究也侧重于可持续发展和保护生态环境的方向。

1. 水量配置阶段

20世纪60年代开始了以水库优化调度为先导的水资源分配研究，最早是以发电为主的水库优化调度，这一时期的水资源配置研究对象主要集中于单一的防洪、灌溉、发电等水利工程，研究的目的是实现工程效益的最大化。1982年，张勇传等将变向探索法引入动态规划中，并研究了其在水库优化调度中的应用；1983年董子敖等研究了改变约束法在水电站水库优化调度中的应用。与此同时，20世纪80年代区域水资源的优化配置问题在我国也开始引起了重视，以华士乾教授为首的研究小组曾对背景地区的水资源利用系统工程方法进行了研究，并在"七五"国家科技攻关项目中加以提高和应用，该项研究考虑了水量的区域分配、水资源利用效率、水利工程建设次序以及水资源开发利用对国民经济发展的作用，成为水资源系统中水量分配的雏形。

2. 经济效益优先阶段

中国水利水电科学研究院、中国航天科技集团公司第710研究所和清华大学相互协作，在"八五"国家科技攻关项目和其他重大国际合作项目中系统地总结了以往工作经验，将宏观经济、系统方法和区域水资源规划实践相结合，提出了基于宏观经济的水资源优化配置理论，并在这一理论指导下建立了区域水资源优化配置决策支持系统，并应用该系统对华北水资源问题进行了专题研究。他们在该专题中开发的"宏观经济水资源规划决策支持系统MEWAP-DSS"是迄今为止较为完整的水资源合理配置应用体系。同时，在水资源合理配置的基础理论和分析技术与方法等方面均有很大突破。水利部黄河水利委员会利用世界银行贷款进行了"黄河流域水资源经济模型研究"，并在此基础上结合"八五"国家科技攻关项目，进行了"黄河流域水资源合理分配及优化调度研究，对地区经济可持续发展与黄河水资源、地区经济发展趋势与水资源需求、黄河水资源规划决策支持系统、干流水库联合调度、黄河水资源合理配置、黄河水资源开发利用中的主要环境问题等进行了深入研究，并取得了较多成果。这项研究是我国首个对全流域进行水资源合理配置的研究项目，对全面实施流域管理和水资源合理配置起到了典范作用。

3. 可持续发展和生态保护优先阶段

2002年水利部印发的《全国水资源综合规划技术大纲》，吸收了国内外近年来水资源评价与规划的最新理论和技术方法，吸取了我国水资源评价与规划的多项成果和工作经验，反映了我国水资源评价与规划的最高水平，也表明了我国传统水资源配置的方法已基本成熟。随着对水资源认识的逐步深入，广义水资源理论和实践得到发展，广义水资源的配置研究应运而生。王浩等提出了面向生态的水资源合理配置理论与方法，提出内陆河流域生态需水量的计算方法，并计算了西北现代生态耗水量和未来生态需水量，系统提出了西北重点地区水资源合理配置方案，在区域发展和水资源开发利用两个层面上实现了对水资源、社会经济和生态环境的有效调控。刘起方等针对我国目前采用的分配用水定额的水资源管理模式，运用进化博弈思想分析了我国水资源管理中管理者和用水户的博弈特征，为我国实现水资源优化配置和可持续发展提出了建议。孙敏章等尝试将遥感技术监测流域蒸发(ET)引入水资源管理配置中，并进行了有效探索。何宏谋等结合ET管理的水资源管理理念，在深入分析和探讨了黄河流域现行地表水资源管理体系所需完善的基础上，从区域水量平衡基本方程出发，构建了一个融合ET管理理念的，包括地表水资源管理体系、ET管理体系、地下水资源管理体系在内的黄河流域水资源综合管理技术体系，并对建立和完善ET管理体系所需解决的问题及其可能的途径进行了探讨。傅长锋等以子牙河流域为例，从流域降雨着手，剖析大气降水、"蓝"水和"绿"水转化过程，构建基于生态水文理念下的流域水资源规划模型。通过调整种植结构、节水灌溉制度、产业结构、居民生活用水、养殖业用水等方案，以及南水北调中线配套工程措施，利用构建的流域水资源规划模型，对各项规划措施进行模拟。魏卿等以石河子市、玛纳斯县和沙湾市为主要研究对象，归纳出玛纳斯河流域现状用水结构的演变特征，利用信息熵理论、基尼系数和洛伦兹曲线分析了流域的水资源空间匹配程度。宋志等在水资源承载力评价方法初探以及在"以水四定"的运用中，将"以水四定"与农业、生活、工作、城镇发展相对应，将"地、人、产、城"分别定义为耕地面积、人口规模、工业增加值总量、城镇建设用地面积，在此基础上，初步探索了水资源承载力评价方法，引入了"综合定额"概念，力求揭示耕地与主要农作物、工业与耗水行业的内在联系与计算规则。刘鑫等以鄱阳湖为例，基于2010—2019年鄱阳湖流域用水和经济社会数据，采用变异系数、洛伦兹曲线与基尼系数、空间分级分类、信息熵与均衡度分别从水资源的开发利用量、开发利用效率、开发利用结构3个方面研究流域近10年水资源开发利用的时空特征，发现各行业用水效率有明显的空间差异性，且不具有空间一致性，影响鄱阳湖流域内用水结构均衡性的主要因素是农业用水量占比较大。

二、国外研究进展

（一）水资源保护

1. 水质保护

国外专家学者对水质变化趋势研究的起步较国内早，并且目前应用的方法多源于国外的研究成果。美国地质调查局(USGS)每隔 4 年都会进行一次水质变化趋势分析，自 20 世纪 80 年代开始广泛采用的就是季节性肯德尔趋势检验法。时间序列分析法在水质变化趋势的研究中也曾被广泛应用，Box-Jenkins 模型就是基于时间序列分析法建立的。意大利国家环境保护研究所(ISPRA)通过将两个不同阶段的历史系列监测数据与 GIS 相结合的方式，分析研究了农药代谢物在意大利北部地区河流中的时空变化趋势。Wijeyaratne 和 Nanayakkara 利用 GIS 软件在浮游植物评估的基础上对位于拉姆塞尔(Ramsar)市内的热带湿地系统中水质变化趋势进行了分析研究。国外的相关专家学者对水污染治理同样十分重视。Clement 和 Rashid 采用了一般均衡计算(CGE)模型来分析奥利凡茨河(Olifants river)流域水污染税收取标准对经济和环境的影响，为在经济增长与环境质量保护之间做出权衡选择提供了依据。Iqbal 等利用 WASP 8.1 数值模型(水质模拟程序)来寻找改善拉维河(Ravi river)水质的最佳方式，模型仿真研究发现，增加河流流量和加强污水处理是拉维河水质得到改善的有效措施。Silveira 等通过对“多利益相关者的药物式水污染物控制”的研究，提出了通过多部门协商和部门研判两个步骤确定优先控制污染物的方法，该方法可为建立联合多部门利益相关者的水污染物治理机构打下良好基础。

2. 水量保护

国外尚未明确提出节水型社会建设这一概念，有关节水成果主要是日本、美国、以色列等国针对水资源需求管理领域的研究所得，这些研究提出了一些理论并建立了简单的模型。西方国家提倡水资源是公共资源、在管理水资源时采取统一管理模式，水资源相关法律法规的制定十分全面且执行力度大，对各水资源管理部门之间的协调配合十分重视。成立相关机构对水资源统筹分配是节水发展的大趋势。以色列水资源稀缺，该国在 20 世纪就出台了相关节水政策，成立了水务委员会等节水职能部门，在节水工作上成就突出，主要体现在全国网络供水、节水技术高度普及、缓解与周边国家水资源问题冲突等。此外，以色列在沙漠实现了科技密集型农业节水发展奇迹。美国是最早颁布水资源相关法律法规的国家，在美国，节水法规涵盖多个方面，涉及水资源开发、保护、水污染防治、水资源预测规划、水灾预警、水质保护等各个领域，相继出台了 30 多部相关法律法规，形成了较为完善的制度体系。日本通过大量节水政策的出台来鼓励节水，例如《水资源开发促进法》《水质污染防治法》等。20 世纪初，日本出台的《节水计划》提到：要做好长期应对水资源危机的准备。此外，通过加强信息化建设来完善水资源监测和预报系统，日本在高科技节水方面有所突破。实行水权制度和调节水价也是国外推动节水工作的一项重要举措。智利提出“平等用水原则”对水资源市场提供保护。埃塞俄比亚学者 Zewdu Asmelash 采用统计分析的方法，对 Axum 镇供水覆盖率现状进行分析，并利用 GIS 软件编制分布覆盖率图，对当地配水系统中安装的各尺寸的水表样品进行测试，以量化未登记水表的失水量。在日本，政府直接控制水权，再由下层机构进行分工管理；美国在水权方面实行“占用优先原则”。由此可见，在国际上，水资源市场化是水资源优化配置的主要方向，在水权制度下，水市场更加协调可控。

3. 水生态保护

1938 年，德国园林师赛尔福特首先提出了“亲自然河溪治理”概念，倡导河道植物化、生命化，主张通过改造和治理达到河流自然化的目的，标志近代河流生态修复的开端。1960 年代后期，Emst Bittmann 等人提倡“生物河流工法”并尝试将芦草、柳树等护岸形式应用于莱茵河水系。1970 年之后，瑞士将其发扬光大，通过拆除既有混凝土驳岸，栽种柳树放置石块，将顺直河道改造成深浅不一呈蛇形弯曲的河道。1980 年，欧洲实施以大马哈鱼洄游为目标的莱茵河生态修复工程，将其作为评价标准；同一时期，美国政府推行“流域保护法”，运用近自然工法，对大型河流实施生态修复规划。1986 年，日本借鉴欧美等国河流治理经验进行河道自然化治理，并将此方法称为“近自然河流工法”。2003 年，韩国在清溪川改造项目中采用了增加绿化、引水入河、污水分流等方法进行生态修复。2006 年，新加坡加冷河改造项目采用破除混凝土河道、人性化管理和水敏城市设计方法，将城市水资源功能发挥和雨洪管理融合，为城市生物多样性保护和营造游憩空间提供支持作用。Hawkins 等也认为，在河流景观生态修复中，应从空间异质性角度出发，首先应该考虑的是河流廊道连续性和河流水文连通性。

（二）水资源优化配置

据历史记载，公元前3 500年的古埃及已有全世界历史最悠久的水资源规划。随着人们知识领域的进步与突破，17世纪和18世纪发展出了专门研究水资源科学和技术的团体，主要包括英国皇家社会科学院、法国皇家科学院和法国公路与桥梁公司。水资源规划逐步走向成熟，出现了有影响力的水资源规划实践。

由于水资源系统的复杂性，以及存在包括政治、社会、决策人偏好等各种非技术性因素，所以简单使用某些优化技术并不能取得预期的效果，而模拟模型技术可更加详细地描述水资源系统内部的复杂关系，并通过有效的分析计算获得满意的结果，从而为水资源宏观规划及实际调度运行提供充分的科学依据。早在1953年，美国陆军工程师兵团(USACE)在美国密苏里河流域研究6座水库的运行调度问题时设计了最早的水资源模拟模型。

1955年，哈佛大学开始制定水资源规划大纲，并于1962年出版了《水资源系统分析》一书，开始了流域水资源配置模型研究。以水资源系统分析为手段、以水资源合理配置为目的的各类研究工作，最早源于20世纪40年代Masse提出的水库优化调度问题。1960年，科罗拉多州的几所大学对计划需水量的估算及满足未来需水量的途径进行了探讨，体现了水资源合理配置的思想。1961年，Moore提出了在一定时间内最优水量分配问题；同年，Hall等首次把DP算法引入联合运用系统，用以解决地表水库和地下水库蓄水分配问题。1963年，Buras针对包含一个地表水库、地下水库和两个独立灌区的假定系统，建立了动态规划模型，以确定地下水库、人工回灌工程的规模，各灌区的灌溉面积以及地表水库、地下水库的供水策略。1966—1969年，美国经济学家Leontief对美国西部各州各产业部门的水资源供需问题进行经济研究，建立了投入产出分析与水资源优化管理模型等。1975年，Haimes应用多层次管理技术对地表水库、地下含水层的联合调度进行了研究，使模拟模型技术向前迈进了一步。美国麻省理工学院于1979年完成了阿根廷Rio Colorado流域的水资源开发规划，用模拟模型技术对流域水量利用进行了研究，提出了多目标规划理论、水资源规划的数学模型方法并加以应用，是当时最成功和有影响的例子。1983年，Sheer经过长时间的努力，利用优化和模拟相结合的技术在华盛顿特区建立了城市配水系统。1990年，由联合国出版的

《亚太水资源利用与管理手册》(Guidebook to Water Resources, Use and Management in Asia and the Pacific)回顾了亚太地区水资源保护、水质、水生态系统现状,提出了水资源可利用的战略目标和实施方法,其中包括水资源调配方法。1997年,Wong等提出支持地表水、地下水联合运用的多目标、多阶段优化管理的原理与方法,在需水预测中要求地下水、当地地表水、外调水等多种水源联合运用,并考虑地下水恶化的防治措施。1999年,Juan等基于作物轮作的种植方式能够使灌溉用水更加经济的原理,开发了西班牙Salvatierra区域水资源优化配置模型,并结合作物轮作方式将干旱地区转化为农业用地。2006年,Amor等将遥感模拟模型与遗传算法耦合,开发了一种新的农业水资源管理优化模型,并将其应用于印度的Bata运河支流。优化结果表明,在水量有限的条件下,水稻的产量相对于优化前有较大提高。2006年,Tortajada等针对墨西哥大城市群日益增长的水资源供需矛盾,提出水资源配置中应综合考虑人口、移民、工业、公共环境等多方面,这必将成为今后城市水资源规划的发展方向。2010年,Moreno等建立了基于线性规划算法的水资源优化配置模型,针对墨西哥山谷地区地表水、地下水和再生水的利用程度设计不同的方案,最终提出适用于该地区的最优方案。

第四节　主要研究内容

本书共包括十个章节。第一章为绪论,主要介绍本书研究背景、相关概念及国内外研究进展。第二章为枣庄市区域概况,重点分析了枣庄市自然地理条件、社会经济状况以及国土空间规划相关情况。第三章为水资源条件及开发利用态势,主要内容包括水资源量(降水量、地表水资源量、地下水资源量、水资源总量、地表水资源可利用量、地下水可开采量、水资源可利用总量)、水资源开发利用现状(供水量、用水量、用水指标、用水效率等)以及水环境质量评价(河湖水质、主要饮用水水源地水质、地下水质等)。第四章为水资源承载力分析,主要是基于枣庄市水资源条件,结合《全国水资源承载能力监测预警技术大纲(修订稿)》,对枣庄市现状水资源和水环境的承载能力进行评价分析。第五章为水资源供需平衡分析,主要采用结构分析方法中的定额法研究枣庄市供需水情况,利用趋势分析法预测未来社会经济发展水平,通过分析 2016—2019 年枣庄市水资源公报数据，明确枣庄市水资源供需系统内部结构，并进行水资源供需平衡分析。第六章为节水规划，针对分析中发现的问题，提出枣庄市节水规划总体方案和相关措施，促进“节水型社会”建设。第七章为水资源配置工程，依据水资源配置的相关理论和研究成果，结合枣庄市实际存在的问题，提出近期和远期相结合的水资源配置优化方案。第八章为水资源保护与生态修复，明确水资源保护与水生态修复的实际措施，综合提高枣庄市水质、水量以及水生态。第九章为枣庄市水资源综合管理，明确管理目标，并提出一系列的管理措施，实现枣庄市水资源的综合管理。第十章为结论与建议，对本书相关内容进行总结，并在此基础上提出相关建议。

第二章

枣庄市区域概况

第一节 自然地理条件

一、地理位置

枣庄市位于中国华东地区山东省南部，南与江苏省徐州市铜山区、邳州市为邻，东与临沂市兰陵县、费县、平邑县接壤，北与济宁市的邹城市毗连，西濒独山湖与微山湖。东西最宽 56 km，南北最长 96 km，总面积 4 564 km^2。

二、气候条件

枣庄市属暖温带大陆性季风气候区，受海洋一定程度的调节和影响，四季分明。春季回暖快，降雨量少、多风、蒸发量大、易干旱；夏季炎热、多雨、潮湿、易涝；秋季降温快，雨骤减，多晴朗天气，晚秋易旱；冬季雨雪稀少，寒冷干燥。年平均气温年际变化较小，在地区分布上由西南向东北递减。夏季受海洋季风控制，冬季受大陆季风控制，春秋为季风交替时期。2—8 月多西南风，9 月至次年 1 月多西北风，5 月前后有西南干热风危害。受气候和地形影响，枣庄市降水比较充沛，但年际变化大，年内分配不均匀，地区分布也有很大差异。降水主要集中在汛期(6—9 月)，且集中于 7、8 月或几场暴雨；按地区分布，东部山丘区降雨较大，西部滨湖区较小。

三、水文条件

枣庄市境内河流属淮河流域运河水系。大小河流共有24条，京杭运河枣庄段为大型河流，横穿东南部，境内全长39 km。中型河流(伊家河、峄城大沙河、城郭河)有3条，流域面积在100 km^2以上的河流有8条，流域面积在30～100 km^2的河流有12条。除京杭运河枣庄段为南四湖泄洪河道外，其他主要河流均发源于东北部山区，分别流入南四湖和运河。境内主要大中型水库有6座，分别是岩马水库、庄里水库、马河水库、周村水库、石嘴子水库以及户主水库。

四、土壤概况

枣庄市共有五种土类，分别是褐土、棕壤土、潮土、砂姜黑土以及水稻土。其中，褐土主要分布在枣庄市的东北部及中部的石灰岩低山丘陵地带，土层薄，土体内石砾较多，保水能力差，易流失；棕壤土主要分布在北部及东北部花岗岩、片麻岩低山丘陵区，枣庄东部及峄城西南部的部分山丘也有分布，这类土壤土层较浅，沙多，胶体性差，透水性强；潮土主要分布于河流两侧及枣南滕西平原；砂姜黑土主要分布在沿运滨湖及一些低洼地带；水稻土少量分布在低洼地带。

五、地形地貌

枣庄市地处鲁中南低山丘陵边缘，衔接黄淮海洪泛区，地形开阔，西南濒微山湖洼地和运河流域。地质构造的差异和岩性抗风化、抗侵蚀能力的区别，形成了枣庄市较复杂的地形地貌。地形东北高西南低，属低山丘陵区，东部及东北部多山(包括山亭区和滕州市的东北部)，山体多由石灰岩或石灰页岩交互构成，少部分火成岩。东北部为全市地势最高、切割最强烈、地形最复杂的群山丘陵，海拔高程多在200～400 m，山亭区山城街道的高山顶峰海拔为620 m，店子镇北的摩天岭次之，顶峰海拔为602 m，北庄镇东南部的抱犊崮位居第三，顶峰海拔为580 m。群山向外是滕、薛一片海拔在100 m上下的平原。往南，沿峄城区的北部边界向西至薛城区附近，是东西向的带状低山，再往南又是海拔在 100 m 以下的缓平地。西部濒湖地区及南部沿运地区为海拔 30～40 m 的洼地，最低处的台儿庄区运河街道东南韩庄运河一带海拔为 24.5 m 左右。最南部与江苏省接壤地区又出现低山丘陵。全市的地势概括起来为三高二低相间，根据海拔、切割程度及起伏大小等情况，全市分为三种地貌类型，即低山丘陵、平原和洼地(图 2.1-1)。

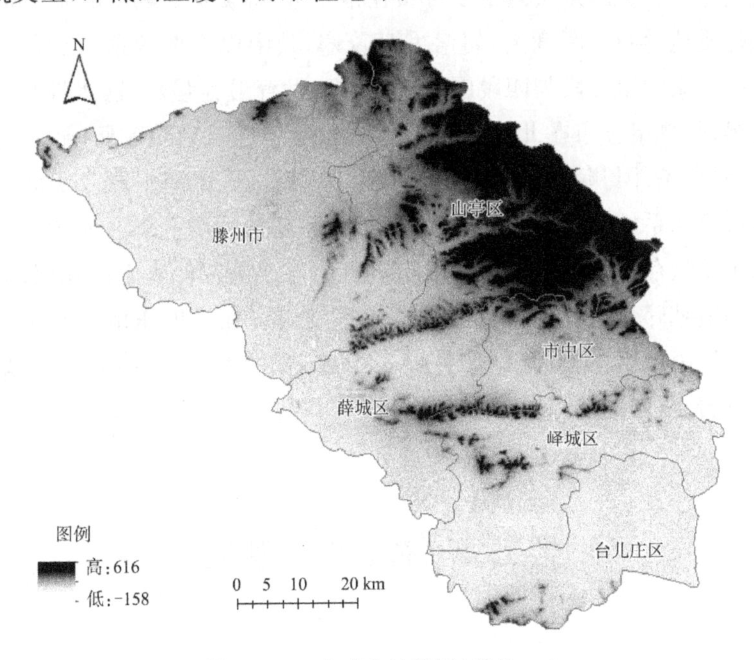

图 2.1-1　枣庄市地形图(单位:m)

六、地质构造

枣庄市处于山东地台南缘，地层属华北型，出露地层为太古界前震旦系、古生界寒武系、奥陶系、石炭系、二叠系和新生界第四系等地层，缺失古生界奥陶系上统、泥盆系、石炭系下统以及中生界三叠系等地层。中生界侏罗系、新生界第三系在境内有隐伏分布。地质构造以断裂构造为主，褶皱次之。其中断裂构造主要由近东西向和近南北向两组主构造组成，其中近东西向构造有长龙断裂、曹王墓断裂、北山断裂、峄县断裂、韩台断裂等，近南北向构造有峄山断裂、化石沟断裂和白山西断裂等，构成了枣庄市的构造骨架。受上述构造的影响，又派生出许多次生构造。

由于枣庄市地形、地貌、地质条件复杂，构造发育，切割强烈，水文地质条件变化较大。按含水层的岩性特征，可分为碳酸盐岩类岩溶裂隙含水岩组、第四系松散岩类孔隙含水岩组、变质岩类风化裂隙含水岩组和碎屑岩类裂隙含水岩组四大类。枣庄市碳酸盐岩类地层分布极为广泛，主要出露于枣庄市东北部、中部和南部地区，岩溶水比较丰富，主要赋存于奥陶系与寒武系灰岩的岩溶裂隙中。奥陶系灰岩主要分布在市中区、峄城区、滕州市的山间盆地，其特征是质纯、性脆、厚度大，岩溶发育普遍，其中以下奥陶系白云质灰岩和中奥陶系马家沟组二段与四段厚层灰岩岩溶发育最为强烈，富水性强。寒武系馒头组、张夏组分布在北部、中部山岭区，受岩性与地貌的影响，岩溶发育不均匀，赋存条件与赋水性差异性较大。滕西平原、枣南平原及山间盆地广泛分布有第四系松散岩层，构成枣庄市第四系松散岩类孔隙含水岩组。风化裂隙水主要赋存于北部及中部的泰山群变质岩及各期侵入岩风化层的孔隙、裂隙和构造破碎带中。碎屑岩类裂隙含水岩组存在于枣庄市寒武系的毛庄组、徐庄组、崮山组、长山组及石炭系，二叠系，侏罗系，第三系地层中，地下水赋存于页岩、灰岩的层间裂隙中。

第二节　社会经济状况

一、行政区划

1961 年 9 月 12 日，枣庄建制为地级省直辖市，辖齐村、台儿庄、峄城、薛城 4 个区以及枣庄镇，56 处人民公社。1976 年 7 月 12 日，设立市中区，将齐村区所辖部分划分为市中区。滕县（现滕州市）于 1979 年划归枣庄市。1983 年 11 月，齐村区改为山亭区。至 1985 年，全市辖 5 区 1 县，5 个街道办事处，53 个乡，32 个镇。1988 年 5 月，滕县改为滕州市（县级）。2001 年 3 月，枣庄市行政区划发生变化，共减少乡镇 30 个，减少比例为 33%。全市共设 14 个街道办事处、42 个镇、5 个乡，2003 年全市辖市中、薛城、山亭、峄城、台儿庄 5 区和滕州市。至 2021 年底共设 44 个镇、21 个街道、347 个居委会、2 130 个行政村（数据来源：《2022 枣庄市统计年鉴》），详见表 2.2-1、图 2.2-1。

表 2.2-1 2021 年枣庄市行政区划

区(市)名称	乡镇级行政区划		居委会、村委会(个)	
	个数	名称	居委会	村委会
市中区	11	光明路街道、文化路街道、中心街街道、龙山路街道、矿区街道、垎塔埠街道、税郭镇、孟庄镇、齐村镇、永安镇、西王庄镇	59	111
薛城区	10	临城街道、兴仁街道、兴城街道、陶庄镇、邹坞镇、沙沟镇、周营镇、常庄街道、张范街道、新城街道	75	217
峄城区	7	坛山街道、吴林街道、榴园镇、底阁镇、阴平镇、古邵镇、峨山镇	25	306
台儿庄区	6	运河街道、泥沟镇、张山子镇、涧头集镇、邳庄镇、马兰屯镇	15	196
山亭区	10	山城街道、店子镇、西集镇、徐庄镇、城头镇、桑村镇、北庄镇、水泉镇、冯卯镇、凫城镇	17	261
滕州市	21	龙泉街道、荆河街道、北辛街道、善南街道、东沙河街道、界河镇、东郭镇、大坞镇、级索镇、西岗镇、木石镇、官桥镇、滨湖镇、姜屯镇、鲍沟镇、羊庄镇、张汪镇、南沙河镇、柴胡店镇、龙阳镇、洪绪镇	156	1 039
全市	65	街道 21 个、镇 44 个	347	2 130

二、人口及经济发展

依据《2022 枣庄统计年鉴》，2021 年末全市常住人口 385.31 万人，常住人口城镇化率为 60.04%，比上年末提高 0.72 个百分点。全市 GDP 为 1 951.57 亿元，同比增长 8.3%。其中，第一产业增加值 185.83 亿元，同比增长 7.8%；第二产业增加值 795.40 亿元，同比增长 6.6%；第三产业增加值 970.34 亿元，同比增长 9.7%。全年人均生产总值 50 613 元，增长 8.4%。三次产业结构为 9.5∶40.8∶49.7。

2021 年枣庄市规模以上工业增加值较上年增长 10.8%，营业收入增长 27.3%，利润总额增长 54%。主要产品中，锂离子电池、水泥、金属切削机床、机制纸及纸板、橡胶轮胎外胎等产品产量分别增长 55.8%、7.8%、9.7%、18.4%、10.5%。实现农林牧渔及服务业总产值达 359.03 亿元，增长 9%。其中，种植业产值增加 4%，林业增长 5.6%、牧业增长 31.2%，渔业增长 28.5%，农林牧渔服务业增长 7%。全市实现农林牧渔业增加值 205 亿元，增长 7.7%。服务业实现增加值 970.34 亿元，增长 9.7%；占全市生产总值的比重为 49.7%，对经济增长的贡献率为 59%，拉动经济增长 4.9 个百分点。接

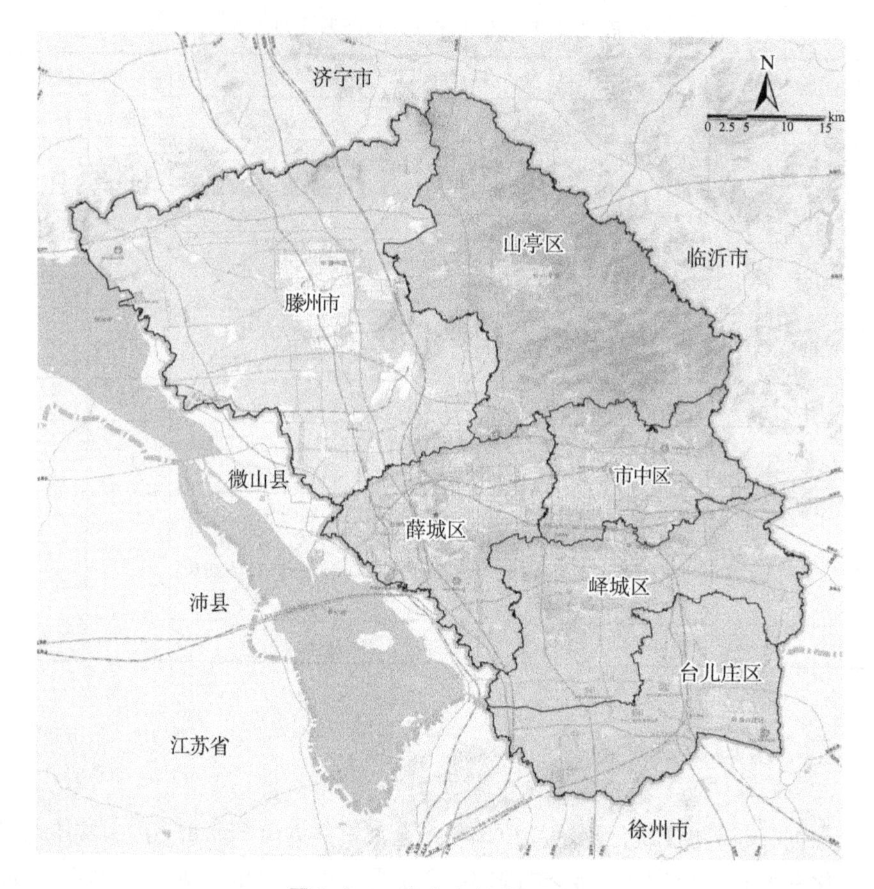

图 2.2-1 枣庄市行政区划图

待游客 1 851.16 万人次，增长 19.14%；旅游总收入 177.13 亿元，增长 33.65%。

特色镇创建有声有色，镇域发展呈现出重点带动、全域提升、协调发展的良好势头。乡村振兴有序推进，累计建成省级、市级、县级美丽乡村示范村 108 个，覆盖率达到城镇开发边界外村庄的 28%。大力实施山水林田湖草系统治理，着力推进林业绿色生态、河湖水系生态、城市景观生态、乡村田园生态等体系融合提升。构建“山青、水秀、林茂、田沃、湖美、城靓”的大生态格局。高效推进凤凰绿道片区建设提升。完成造林面积 1 762 hm^2。建成市级森林乡镇 12 个、市级森林村居 205 个。启动实施海绵城市建设项目 125 个，新增海绵城市面积 17.35 km^2。

第三节 国土空间总体规划(2021—2035)

一、城市定位

枣庄的城市性质是资源型城市创新转型示范市、城乡融合发展样板市、运河文化带生态宜居市、鲁南门户枢纽市、京沪廊道智能制造高地。

资源型城市创新转型示范市：坚持“强工兴产”，统筹推进产业升级、民生改善、生态修复，实现老工业基地转型振兴、优势重构、创新突破，奋力打造资源型城市转型发展的枣庄范例。

城乡融合发展样板市：协调推进乡村振兴和新型城镇化战略，突出工业促农、以城带乡，高水平建设以“创新引领乡村可持续发展”为主题的国家可持续发展议程创新示范区，打造城乡融合发展的枣庄样板。

运河文化带生态宜居市：抢抓大运河国家文化公园建设机遇，叫响“鲁南明珠·匠心枣庄”城市品牌，弘扬运河文化，传承红色基因，挖掘山、林、河、湖景观资源优势，创建国家生态园林城市，打造天蓝、地绿、山青、水净的生态宜居城市。

鲁南门户枢纽市：立足山东南大门、鲁苏豫皖交界特殊区位，发挥立体交通优势，建设内通外联的鲁南综合交通枢纽，打造全省开放发展重要门户。

京沪廊道智能制造高地：积极融入长三角、京津冀一体化发展，大力实施智能制造发展战略，强化创新平台支撑，推动产业技术变革和优化升级，加快塑成产业发展新优势。

二、发展目标及人口规模

1. 发展目标

至 2025 年，社会主义现代化强市建设取得重大进展，综合实力再上新台阶，改革开放迈出新步伐，文明程度得到新提高，生态建设取得新进步，民生福祉达到新水平，治理效能实现新提升。至 2035 年，基本建成社会主义现代化强市，综合实力、创新能力、开放活力、文化软实力大幅提升，现代产业体系建设取得重大进展，发展质量进入全省前列。至 2050 年，全面建成社会主义现代化强市，绿色发展典范作用全面彰显，成为具有全国影响力的智造强市和国际美誉度的大运河历史文化名城。

2. 人口规模

至2035年，全市常住人口规模控制在410万人，服务总人口控制在430万人。发挥鲁南地区中心城市的人口集聚作用，推动区域农村人口城镇化进程，全市常住人口城镇化率达到75%。

三、总体空间布局

1. 主体功能区

规划将枣庄市主体功能分区细化至乡镇(街道)层级，市域范围形成重点生态功能区、农产品主产区、城市化发展区三类空间。

2. 农业空间格局

以粮食生产功能为基础，因地制宜、彰显特色，构建“一环、一带、三区、多点”的农业空间格局，实现农业农村均衡、协调、美丽和绿色发展。其中，一环是指都市农业休闲观光环，一带是指京杭运河生态农业带，三区是指腾西平原农业区、低丘果品农业区、枣南水乡农业区，多点是指多个农业产业基地。

3. 生态空间格局

依据枣庄市自然地理空间肌理，统筹山水林田湖草自然资源要素，构筑以“微湖抱犊大运河，多脉百珠生态心”为特色的市域生态格局。

微湖抱犊大运河：由西部的微山湖、东部以抱犊崮为代表的沂蒙山系和京杭运河共同组成生态敏感区。

多脉百珠生态心：多脉是指微山湖和沂蒙山系之间，多条是指由河湖水系及生态廊道构成的蓝绿走廊。百珠是指数以百计的郊野公园和城市公园。生态心是指以凤凰绿道片区为主体的鲁南生态安全绿心。

4. 城镇空间格局

规划枣庄市城镇空间格局为“一主、一强、两极、多点”。

一主(主城区)：由薛城区、市中区、峄城区、枣庄高新区共同组成主城区，推动主城区“西承东接”双向拓展。支持枣庄高新区高起点规划实施“零碳新城”建设，打造全市创新发展关键增长极和产城融合示范区。

一市(滕州市)：支持滕州市发挥龙头引领作用，沿京沪廊道推动产业片区聚集，打造县域高质量发展典范城市。

两极（山亭区、台儿庄区）：支持山亭区打造绿色生态"双碳"经济先行区；支持台儿庄区打造中华运河文化传承核心区、国际旅游度假目的地、县域经济突围赶超示范区。

多点（示范镇、重点镇、特色小镇、产业集聚区）：推动新型城镇多点耦合发展，推动产业园区建设，加快城乡融合。

第三章

水资源条件及开发利用态势

本章立足山东省枣庄市正在全面推进的节水型社会建设的背景，从水资源量、水资源开发利用现状、水环境质量评价三个方面出发，综合分析枣庄市水资源条件及开发利用态势；系统分析地区水资源禀赋条件以及开发利用态势，对分析现状水资源开发利用中存在的问题具有重要意义，进而为未来科学合理开发利用水资源提供支撑，促进枣庄市经济社会的可持续发展。

第一节　水资源量

水资源总量是指降水所形成的地表和地下的产水量，即地表径流量和降水入渗补给量之和，可分为地表水、土壤水、地下水三类。其中，地表水主要有河流水、水库水、湖泊水，补给源除大气降水外还有地下水、冰川融水；土壤水为包气带的含水量，主要由大气降水补给，也有特殊区域的河流水入渗补给；地下水包括河川基流、地下水潜流（含地下水周边流出量）和地下水储量，由降水和地表水体通过包气带下渗补给。水资源总量计算方法主要有以下两种：一是地表径流量与降水入渗补给量之和；二是同源于降水的地表、地下水量之和，扣除两者之间的重复量。两种水资源总量计算方法和思路，均基于径流性水资源的两种表现形式“地表水”与“地下水”单独分离评价。其中地表水以河川径流表示，地下水以总补给量（或总排泄量）表示。本书采用的是第二种计算方法，即地表水资源量和地表水与地下水不重复计算量之和。

1. 地表水资源量

地表水资源量采用“河川径流量 R”表征，并采用“实测＋还原”的方法计算，实测站点的选择以及径流还原计算的详细步骤见后面的具体章节。

2. 地下水资源量

地下水资源量计算方法有补给量法和排泄量法两种。通常情况下，一般山丘区地下水资源量计算采用排泄量法，平原区则采用补给量法，但排泄量法不适合岩溶山丘区。枣庄市山丘区多属于岩溶山区，不适合使用基流分割求河川基流量的方法。枣庄各部门出于各自的目的，历年来在全市做了大量的地质和水文地质勘查工作，对全市的水文地质条件和地质区水文地质参数的研究程度较高，成果也比较丰富。作者在前人研究的基础上，调查统计了较为详尽的资料。本次评价山丘区地下水资源量的计算也采用补给量法，详细计算步骤见后面的具体章节。

3. 水资源总量

同源于当地降水的地表水、地下水相互转化。河川径流中含部分地下水的排泄量，平原区地下水总补给量中含河道入渗等地表水体入渗补给量，分析两者之间的相互转化关系，确定并扣除相互转化而产生的重复量 D，从而得到客观的区域水资源总量 W，即

$$W=R+Q-D \tag{3.1-1}$$

4. 关于重复量问题

重复量分为两种，一种是汇总计算地下水资源量时，山丘区与平原区地下水之间的重复量；另一种是汇总计算区域水资源总量时，地表水与地下水之间的重复量。通常情况下，山丘区与平原区地下水之间的重复量包括山前侧向排泄量 $Q_{山侧排}$（或 $Q_{山侧排入}$）和山丘区河川基流量 R_g 在平原区形成的地表水体入渗补水量 $Q_{山丘河川基流补}$。同样，一般情况下地表水与地下水之间的重复量包括山丘区河川基流量 R_g 和平原区地表水体入渗补给量 $Q_{地表补}$ 减去山丘区河川基流量 R_g 在平原区形成的地表水体入渗补给量 $Q_{山丘河川基流补}$ 两项。

一、地表水资源量

（一）实测站点的选择

本次共选取 7 个基本水文站（表 3.1-1）、1 处辅助站的径流资料，其中

基本站参与单站径流还原,辅助站参与地表水资源量和出入境水量计算。据此分析出 2001—2016 年 8 个测站流域或区间面积上的径流量。选用站控制面积 3 254 km^2,其中控制的市内面积 2 710.1 km^2,占全市总面积的 59.4%。

表 3.1-1 基本水文站一览表

序号	水系	河名	站名	断面地点
1	运河	中运河	台儿庄闸	枣庄市台儿庄区台儿庄闸
2	运河	北沙河	马河水库	滕州市东郭镇马河水库
3	运河	城河	岩马水库	枣庄市山亭区冯卯镇岩马水库
4	运河	城河	滕州	滕州市荆河桥
5	运河	十字河	柴胡店	滕州市柴胡店镇柴胡店村
6	运河	蟠龙河	薛城(二)	枣庄市薛城区临泉路
7	运河	峄城大沙河	峄城	枣庄市峄城区峄山南路

(二) 径流还原计算

径流还原计算的方法有很多,本次采用分项调查评价法,即依据水文年鉴刊布的实测资料和水文调查成果,应用流域水量平衡原理进行还原计算,求得天然径流量。还原项目包括测站以上流域内因建设蓄、引、提、调等水利工程后的农业耗水量、蓄水变量,以及跨流域引水量和分洪决口水量等。根据公式(3.1-2)对全市 7 个水文站流域的年径流量逐一进行了还原计算,并利用滕州、岩马水库二站还原后的天然径流量,推求了岩—滕区间的天然径流量。

$$W_{天}=W_{实测}+W_{农耗}+W_{工业}+W_{生活}\pm W_{蓄}\pm W_{引}\pm W_{分洪决口}\pm W_{矿坑水} \quad (3.1\text{-}2)$$

式中:$W_{天}$ 为还原后的天然径流量;$W_{实测}$ 为水文站实测径流量;$W_{农耗}$ 为农业灌溉耗水量;$W_{工业}$ 为工业耗水量;$W_{生活}$ 为生活耗水量;$W_{蓄}$ 为计算时段始末水库蓄水变量;$W_{引}$ 为跨流域引水量(引出为正,引入为负,引入量为工农业用水时,只计算引入水量中的回归水量);$W_{分洪决口}$ 为河道分出水量(分出为正,分入为负）；$W_{矿坑水}$为煤矿矿坑排水。

（1）$W_{实测}$：韩、峄—台区间面积的实测径流量，采用台儿庄闸站实测径流量减去韩庄诸闸和峄城站的实测径流量求得，其他选用站的实测径流量均来自水文资料整编成果。

（2）$W_{农耗}$：采用历年水文调查的灌溉水量，并按下式计算：

$$W_{农耗}=(1-\beta_{回})W_{灌溉} \tag{3.1-3}$$

式中：$W_{灌溉}$为渠首提水、引水灌溉总水量；$\beta_{回}$为灌溉回归系数，$\beta_{回}=W_{回}/W_{灌溉}$，其中$W_{回}$为灌溉回归水量（包括渠系、田间回归两部分）。

由于缺乏灌溉回归系数$\beta_{回}$的观测实验资料，故在估算灌溉耗水时，根据各灌区的灌水方式、规模、管理水平和渠系配套情况等，参照山东省水资源评价所提供的回归系数值选用，一般情况，$\beta_{回}$取0.10。对还原后的天然径流量进行合理性检查时，若不合理，则分析查明原因，如是天然因素所造成的，则认为灌溉耗水量合理。否则，认为是计算灌溉水量不合理所致，再个别调整$\beta_{回}$值，重新计算$W_{灌溉}$。

（3）$W_{工业}$和$W_{生活}$：主要指滕州站和柴胡店站上游水库实测用水量。测站上游污水处理厂向河道排水，其还原水量为能够进入水文站监测断面的排水量，各年根据污水处理厂的年污水排放量进行污水量计算。

（4）$W_{蓄}$：有实测库容变量资料的大中型水库的蓄水变量，从水文年鉴上抄录；水文年鉴不刊布资料的水库蓄水变量，则从每年的报汛资料记载或水文调查成果摘抄。

（5）$W_{引}$：主要是跨流域引水灌溉及城市工业、生活用水量，对直接引出水量采用实测值或调查值，引入灌溉和城市工业、生活用水的尾水采用回归系数估算。

（6）$W_{分洪决口}$：采用年鉴刊布值或水文调查资料。

（7）$W_{矿坑水}$：是指能够进入水文站监测断面的水量，采用水文站调查资料计算。

（8）水库蒸发损失量属于产流下垫面条件变化对河川径流的影响，按照“向后还原”的思路，宜与湖泊、洼淀等天然水面同样对待，不必进行还原计算。农村生活用水面广量小，且多为地下水，对测站径流影响较小，一般不做还原计算。

（9）水库渗漏量：马河、岩马两座大型水库此次计算渗漏量均已计入，其余水库渗漏量较小，不再计算。

（三）年径流量统计参数的分析确定

依据选用的7个测站（区间）流域的历年天然径流深系列进行频率计算，求出天然年径流深均值和变差系数 C_v 值。同步期平均年径流深均采用算数平均法计算。对系列中的（特大）值，均未作处理。年径流深变差系数 C_v 值采用矩法公式计算，用适线法调整确定。年径流深偏差系数 C_s 取用 $C_s=2C_v$，采用皮尔逊Ⅲ型分布曲线，适线时主要考虑频率曲线与 $P=20\%\sim95\%$ 之间的经验频率点据配合较好为度。由适线法调整确定的 C_v 值，一般略大于或等于由矩法公式计算的数值。各选用测站（区间）天然年径流量特征值见表3.1-2。

表3.1-2　枣庄市选用水文站（区间）天然径流特征值表

河名	站（区间）名称	面积（km^2）	年平均径流深（mm）	变差系数 C_v	年最大径流量		年最小径流量		最大最小径流量之比值
					亿 m^3	年份	亿 m^3	年份	
北沙河	马河水库	242	236.1	0.75	2.160	1957	0.003 8	1968	568.4
城河	岩马水库	353	253.7	0.68	3.000	1 957	0.015 7	2002	191.1
城河	滕州	605	251.5	0.65	4.754	1957	0.068 9	2002	69.0
十字河	柴胡店	681	255.3	0.63	5.017	1960	0.134 8	2014	37.2
蟠龙河	薛城（二）	260	232.0	0.67	2.040	1971	0.044 3	2002	46.0
峄城大沙河	峄城	400	248.3	0.67	3.499	1963	0.098 8	2014	35.4
中运河	韩、峄一台	945	233.4	0.65	7.105	1963	0.206 6	2012	34.4

（四）区域地表水资源量

各分区同步期年径流量系列，根据分区内有控制站以及未控区的实际情况，分别采用控制站面积比法、径流系数法和控制站天然年径流量法。

（1）控制站面积比法：当分区内有控制站时，分区年径流量等于控制站年径流量与未控制面积年径流量之和。控制站年径流量采用单站分析计算的天然径流量。未控制面积的年径流量，则根据未控制面积的大小和自然地理条件采用两种不同的方法计算。一是，当未控制面积相对较小（如西泇河区，未控制面积仅占分区面积的18%）时，直接采用控制站年径流深乘以未控制面积计算；二是，当未控制面积相对较大，且控制站上下游降水量、下垫面条件有较大差异(如界北城郭河区、十字河区和蟠龙河区)时,借用相似流域的径流系数,并根据未控面积面平均降水量推算。

(2) 径流系数法:若分区内无控制站(如陶沟河区),则借用邻近相似流域径流系数,根据本区域平均年降水量推求。

(3) 控制站天然年径流量法:当控制站能够完全控制分区径流量(如北沙河上游区和韩、峄—台区间)时,直接采用控制站天然年径流量。

1. 水资源分区年径流量

枣庄市按流域水系划分属淮河流域沂沭泗河水资源二级区,分属湖东区、韩庄运河区 2 个水资源三级区;分属滕微区、峄城区 2 个水资源四级区;分属界北城郭河,十字河,蟠龙河,峄城大沙河上游,韩、峄—台区间,陶沟河和西泇河 7 个水资源五级区。枣庄市水资源分区名称、面积见表 3.1-3,地表水资源分区见图 3.1-1。

表 3.1-3 枣庄市水资源分区名称及其面积表

一级区	二级区	三级区	四级区	五级区	计算面积(km^2)
淮河流域	沂沭泗河	湖东区	滕微区	界北城郭河	1 551.4
				十字河	821.2
				蟠龙河	422.1
		韩庄运河区	峄城区	峄城大沙河上游	400.0
				韩、峄—台区间	829.1
				陶沟河	378.2
				西泇河	148.0
全市					4 550

依据上述方法,推求出各分区逐年年径流量,并采用算术平均法计算各分区分段多年平均年径流量,再进行频率计算,分析确定各四级区分段年变差系数 C_v 及不同保证率的年径流量(表 3.1-4)。

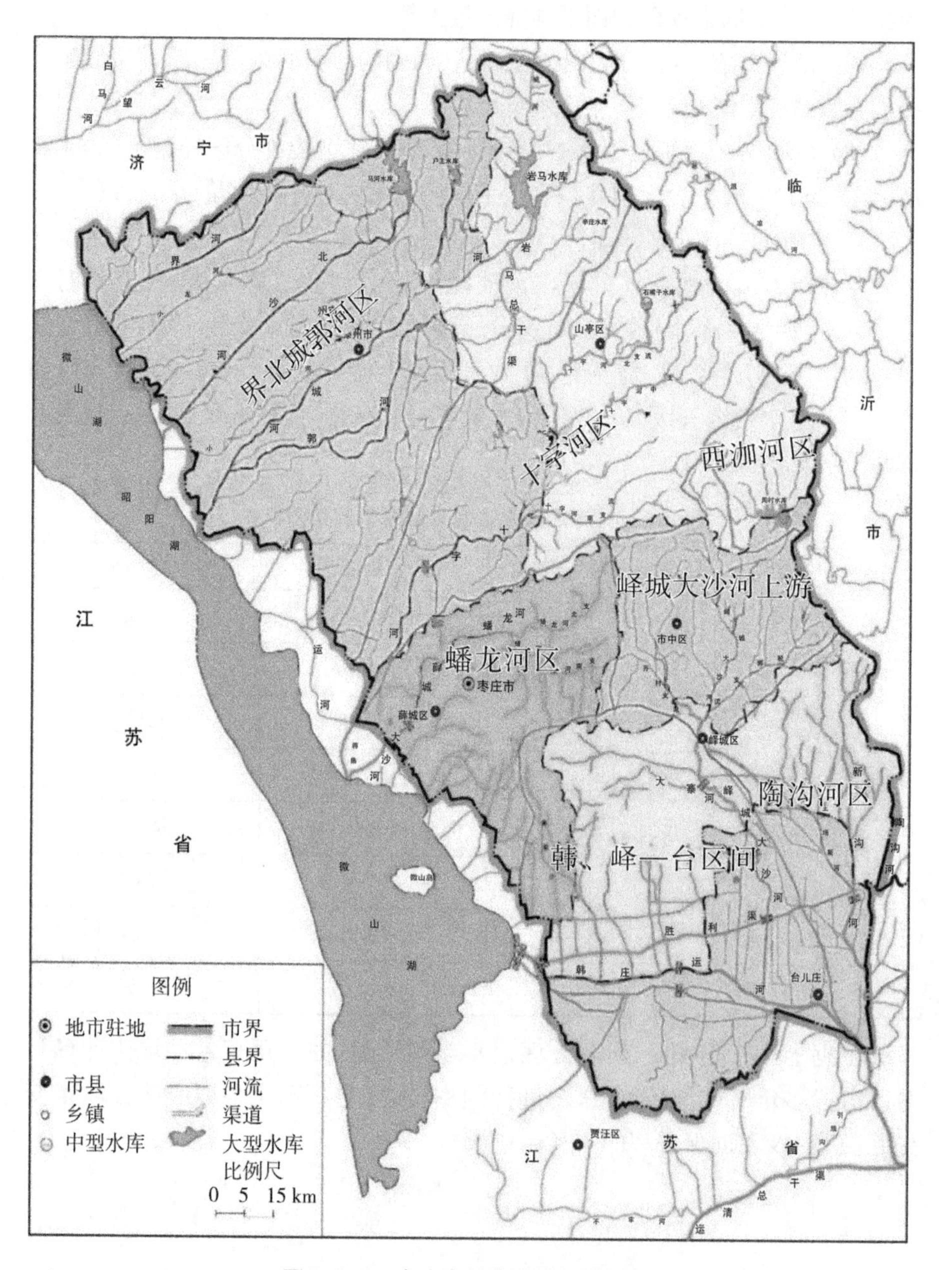

图 3.1-1 枣庄市地表水资源分区图

表 3.1-4 枣庄市水资源分区年径流量特征值表

水资源三级区	水资源四级区	计算面积（km^2）	统计年限	年数	统计参数			不同频率年径流量（万 m^3）			
					年均值（万 m^3）	C_v	C_s/C_v	20%	50%	75%	95%
湖东区	滕微区	2 794.7	1956—2016 年	61	65 259	0.62	2	94 715	57 127	35 521	15 574
			1956—2000 年	45	67 388	0.56	2	95 427	60 482	39 651	19 386
			1980—2016 年	37	54 320	0.64	2	79 385	47 088	28 768	12 115
韩庄运河区	峄城区	1 755.3	1956—2016 年	61	36 965	0.63	2	53 849	32 214	19 848	8 554
			1956—2000 年	45	37 318	0.56	2	52 845	33 494	21 958	10 736
			1980—2016 年	37	32 407	0.64	2	47 361	28 093	17 163	7 228

2. 行政分区天然径流量

枣庄市全市划分为五区一市，行政分区天然年径流量的计算是在水资源分区天然年径流量计算的基础上进行的，即根据行政分区所辖各水资源区的部分面积和部分径流深（由等值线图量算），计算部分径流量的权重，根据这个权重和水资源分区的逐年径流量，求得部分逐年径流量，再把同一年的各部分年径流量相加，求得各行政分区的年径流量，并逐一建立同步系列，求得各行政分区同步期平均年径流量（表 3.1-5），再进行频率计算，分析确定各区（市）分段变差系数 C_v 和不同保证率的年径流量，详见表 3.1-6。据 1956—2016 年径流量系列计算成果，枣庄市多年平均年径流量为 10.223 亿 m^3，相当于年径流深 224.7 mm，保证率为 20%、50%、75%、95%的年径流量分别为 14.72 亿 m^3、9.026 亿 m^3、5.714 亿 m^3、2.599 亿 m^3。

表 3.1-5 枣庄市行政分区多年平均年径流量成果表

行政分区	面积（km^2）	径流深（mm）	径流量（亿 m^3）
滕州市	1 490	190.9	2.844
山亭区	1 012	246.3	2.492
薛城区	508	234.3	1.191
市中区	376	253.9	0.955 6
峄城区	629	235.8	1.484
台儿庄区	535	234.9	1.257
全市	4 550	224.7	10.223

表 3.1-6 枣庄市行政分区年径流量特征值表

行政分区	计算面积（km^2）	统计年限	年数	统计参数			不同频率年径流量（万 m^3）			
				均值（万 m^3）	C_v	C_s/C_v	20%	50%	75%	95%
市中区	376	1956—2016 年	61	9 555	0.68	2	14 174	8 132	4 779	1 862
		1956—2000 年	45	9 533	0.71	2	14 285	7 983	4 565	1 682
		1980—2016 年	37	8 230	0.6	2	11 850	7 268	4 601	2 092
薛城区	508	1956—2016 年	61	11 905	0.61	2	17 206	10 460	6 567	2 929
		1956—2000 年	45	12 196	0.55	2	17 193	10 988	7 272	3 610
		1980—2016 年	37	10 205	0.63	2	14 867	8 894	5 480	2 362
峄城区	629	1956—2016 年	61	1 4840	0.64	2	21 688	12 865	7 859	3 310
		1956—2000 年	45	15 041	0.54	2	21 108	13 611	9 079	4 807
		1980—2016 年	37	13 081	0.68	2	19 405	11 133	6 543	2 549
台儿庄区	535	1956—2016 年	61	12 570	0.65	2	18 445	10 854	6 565	2 716
		1956—2000 年	45	12 744	0.54	2	17 885	11 533	7 693	4 073
		1980—2016 年	37	11 096	0.7	2	16 571	9 348	5 387	2 024
山亭区	1 012	1956—2016 年	61	24 919	0.62	2	36 166	21 814	13 563	5 947
		1956—2000 年	45	25 734	0.58	2	36 734	22 913	14 764	6 943
		1980—2016 年	37	20 493	0.64	2	29 949	17 765	10 853	4 571
滕州市	1 490	1956—2016 年	61	28 436	0.66	2	41 874	24 420	14 642	5 933
		1956—2000 年	45	29 458	0.59	2	42 233	26 139	16 684	7 715
		1980—2016 年	37	23 621	0.69	2	35 144	19 987	11 642	4 454
枣庄市	4 550	1956—2016 年	61	102 225	0.6	2	149 553	88 543	53 976	22 698
		1956—2000 年	45	104 706	0.54	2	149 437	93 167	60 057	28 830
		1980—2016 年	37	86 726	0.63	2	127 787	74 394	44 505	18 051

（五）入境、出境水量

入境水量是指从市外实际流入市境内的水量。除韩庄运河外，从外地流入枣庄市的水量不大。枣庄市入境河流名称及其面积见表 3.1-7。

表 3.1-7 入境河流名称及面积情况表　　单位：km^2

水资源分区	入境河名	控制站名	控制面积	入境面积	备注
界北城郭河区	北沙河	马河水库	242	213.5	
	城河	岩马水库	353	214.5	
	界河			123.3	
韩、峄—台区间	引龙河	台儿庄闸	945	115.9	微山湖泄入韩庄运河
	韩庄运河	韩庄闸			
合计				667.2	

说明：1. 台儿庄区南部小河有入境 4 km^2，同时还有 3.8 km^2 的出境面积，二者相近，故不再另计入境、出境水量。

2. 陶沟河跨临沂枣庄两地市，在计算陶沟河流域天然径流量时，使用的是市内面积，故不计入境水量。境外面积的径流入枣庄市属过路水，出量相等，故出入水量亦不再计算。

1. 入境河流入境水量计算方法

（1）北沙河、城河入境水量按下式计算：

$$W_{入}=W_{入天}-W_{入还} \tag{3.1-4}$$

式中：$W_{入}$为入境水量；$W_{入天}$为入境面积上的天然径流量，$W_{入天}=R_{全天}\cdot A_{入}$，其中，$R_{全天}$是控制站流域天然年径流量，$A_{入}$为入境面积；$W_{入还}$为入境面积上的还原量。

（2）界河：界河无控制站控制，亦无调查资料，其入境面积上的天然径流量即为入境水量。以界河入境面积与界北城郭河区的未控制面积的比值，乘以界北城郭河区未控制面积的天然径流量，即为界河入境水量。

（3）引龙河：引龙河是由江苏省流入枣庄市伊家河的，属韩、峄—台区间水资源分区。其入境水量计算方法是：以引龙河入境面积与韩、峄—台区间面积之比，乘以韩、峄—台区间的天然径流量。

（4）韩庄运河：微山湖泄洪入枣庄市，由韩庄闸站控制，统计其实测值，即为韩庄运河入境水量。

2. 出境水量计算方法

（1）界北城郭河区：本区的出境水量包括城河滕州水文站实测径流量、北沙河马河水库站泄洪入河水量、界北城郭河未控区天然径流量扣除还原水量（未控区的拦蓄量、灌溉耗水量等）后剩余的水量。上述诸项合计即为该区的出境（入湖）水量（含引湖尾水量）。

（2）十字河区、蟠龙河区：这两区有水文站控制，控制站以下有小部分未控制面积，其出境水量为控制站实测径流量，加未控区天然径流量扣除还原水量后的剩余水量。

(3) 西泇河区：该区的出境水量为周村水库泄洪、放水入河水量，以及未控区天然径流量扣除还原水量后的剩余水量。

(4) 陶沟河区：该区无调查还原水量资料，故将天然径流量近似作为出境水量。

(5) 韩、峄—台区间：本水资源分区，除本区径流量扣除还原水量后的剩余水量出境外，还承接沙河上游区和微山湖韩庄闸泄洪的水量，经此出境，故以台儿庄站实测径流量作为出境水量，该出境水量流入江苏省。

全市多年平均年出境水量 26.17 亿 m³（含过境水量），其中出境入湖水量 7.812 亿 m³，进入临沂市水量 0.190 9 亿 m³，入江苏省水量 18.17 亿 m³。若扣除过境水量，真正属于枣庄市的流出该市的径流量为 11.89 亿 m³。枣庄市 1956—2016 年平均年入境、出境（入湖）水量计算成果见表 3.1-8。

表 3.1-8　枣庄市 1956—2016 年平均年入境、出境（入湖）水量计算表

水资源分区		入境			出境		枣庄市境内出境水量（亿 m³）
名称	面积（km²）	河名	面积（km²）	水量（亿 m³）	去向	水量（亿 m³）	
界北城郭河区	1 551.4	界河	123.3	0.302 6	入湖	4.962	3.621
		北沙河	213.5	0.502 8			
		城河	214.5	0.535 7			
十字河区	812.2				入湖	2.128	2.128
蟠龙河区	422.1				入湖	0.722 1	0.722 1
西泇河区	148.0				入临沂地区	0.190 9	0.190 9
陶沟河区	378.2				入韩庄运河	0.657 7	0.657 7
峄城大沙河上游区	400.0						
韩、峄—台区间	829.1	韩庄运河		12.69	入江苏省	17.51	4.572
		引龙河	115.9	0.247 8			
全市	4 550	667.2	14.28		26.17	11.89	

备注：市内出境（入湖）水量包括引湖灌溉尾水和回归水量。

（六）重点工程可供水量

1. 大中型水库

枣庄市现有大型水库3座（岩马水库、马河水库、庄里水库），中型水库3座（周村水库、户主水库、石嘴子水库），各水库特征库容见表3.1-9。

表3.1-9 枣庄市大中型水库现状年特征库容

设计标准	岩马水库		马河水库		周村水库		户主水库		石嘴子水库		庄里水库	
	水位（m）	库容（万 m^3）	水位（m）	库容（万 m^3）	水位（m）	库容（万 m^3）	水位（m）	库容（万 m^3）	水位（m）	库容（万 m^3）	水位（m）	库容（万 m^3）
兴利水位	127.82	13 383	108.50	4 226	127.88	4 926	123.00	1 170	208.00	1 759	114.56	8 000
死水位	116.82	2 057	100.50	362.6	116.08	542	116.00	60.0	193.00	155	101.32	700

水库现状来水量是指在水库上游现有（2016年）水利工程条件下的水库来水量。受各年上游水利工程的调蓄和数量的影响，各年水库来水量也不一样。由于兴利调节计算的需要，各年水库来水量需统一换算到现状年（2016年）水利工程条件下的水库来水量水平。详见表3.1-10。

表3.1-10 枣庄市各大中型水库多年平均现状来水量成果表

水库名称	岩马水库	马河水库	周村水库	户主水库	石嘴子水库	庄里水库
多年平均来水量（万 m^3）	8 092	4 817	3 986	992.6	1 132	7 338

根据各水库1956—2016年61个水文年的现状来水量和用水量系列，采用水库水量平衡原理，对各水库逐年逐月分别进行连续调算。各水库调算结果见表3.1-11。

表3.1-11 枣庄市大中型水库现状年可供水量成果表

水库名称	年可供水量（万 m^3）			向农业和工业可供水量	
	$P=95\%$	$P=75\%$	$P=50\%$	灌溉面积（$P=50\%$）（万亩）	工业可供水量（$P=95\%$）（万 m^3）
岩马水库	5 260	6 574	8 515	11	3 058
马河水库	1 400	2 823	4 500	8	979
周村水库	2 164	2 862	4 218	3	1 670

续表

水库名称	年可供水量(万 m³)			向农业和工业可供水量	
	P=95%	P=75%	P=50%	灌溉面积(P=50%)(万亩)	工业可供水量(P=95%)(万 m³)
户主水库	321	606	911	1.2	254
石嘴子水库	528	904	1 160	2	312
庄里水库	3 801	6 225	8 072	5.0	2 174.4
合计	13 474	19 994	27 376	30.2	8 447.4

2. 小型水库及拦河闸(坝)

枣庄市现有小(1)型水库 25 座、小(2)型水库 120 座。可供水量根据各水库现状来水量系列,依据水量平衡原理,采用计入水量损失的长系列变动用水时历法,以月为调算时段进行长系列调节计算,逐一计算各大(中)型水库供水能力。经统计,枣庄市小型水库保证率为 75%时可供水量为 4 978.3 万 m³,保证率为 50%时可供水量为 6 505.8 万 m³;拦河闸(坝)保证率为 75%时可供水量为 11 162.8 万 m³,保证率为 50%时可供水量为 16 194 万 m³,具体情况见表 3.1-12。

表 3.1-12　小型水库及拦河闸(坝)可供水量

行政分区	供水设施	可供水量(万 m³)		
		P=95%	P=75%	P=50%
市中区	小型水库		779.2	1 016
	拦河闸(坝)		505.2	901.2
台儿庄区	小型水库		49.4	63.6
	拦河闸(坝)	926	4 395.4	5 887.5
薛城区	小型水库		534.3	699
	拦河闸(坝)		1 089.6	1 862.4
峄城区	小型水库		572.2	755.4
	拦河闸(坝)	159.6	1 861.6	2 848.9

续表

行政分区	供水设施	可供水量(万 m^3)		
		$P=95\%$	$P=75\%$	$P=50\%$
山亭区	小型水库		2 247.7	2 925.5
	拦河闸(坝)		612.2	891.2
滕州市	小型水库		795.4	1 046.2
	拦河闸(坝)		2 698.8	3 802.8
合计	小型水库		4 978.3	6 505.8
	拦河闸(坝)	1 085.6	11 162.8	16 194

(七) 地表水可利用量

根据《枣庄市第三次水资源调查评价》,枣庄市地表水可利用量[含大中型水库、小型水库、拦河闸(坝)]见表 3.1-13。

表 3.1-13 枣庄市地表水可利用量 单位:万 m^3

行政分区	地表水资源量	地表水可利用量		
		95%	75%	50%
滕州市	28 436	3 644	7 175	10 683
山亭区	24 919	6 215	10 650	13 896
薛城区	11 905	914	1 624	2 561
市中区	9 555	2 924	4 265	6 312
峄城区	14 840	1 431	2 434	3 604
台儿庄区	12 570	2 825	4 445	5 951
合计	102 225	17 953	30 593	43 007

二、地下水资源量

(一) 水文地质区划分

根据枣庄市地质构造、水文地质条件、地层岩性、地形地貌特征以及地表水分水岭情况等条件,将枣庄市划分为滕西平原、枣南平原、薛南平原共 3 个平原区；东王庄、十里泉、清凉泉、金河泉、荆泉 5 个泉区；运南山丘、半湖山丘 2 个山丘区；另有凫山断块、羊庄盆地、峄城盆地、陶枣盆地等，共 14 个水文地质大区。根据次级地貌、次级构造和含水层岩性特征，将枣南平原、金河泉区、荆泉区、陶枣盆地和羊庄盆地等进一步划分为 2～3 个水文地质亚区，共划分为 14 个大区、21 个亚区，详见图 3.1-2 和表 3.1-14。

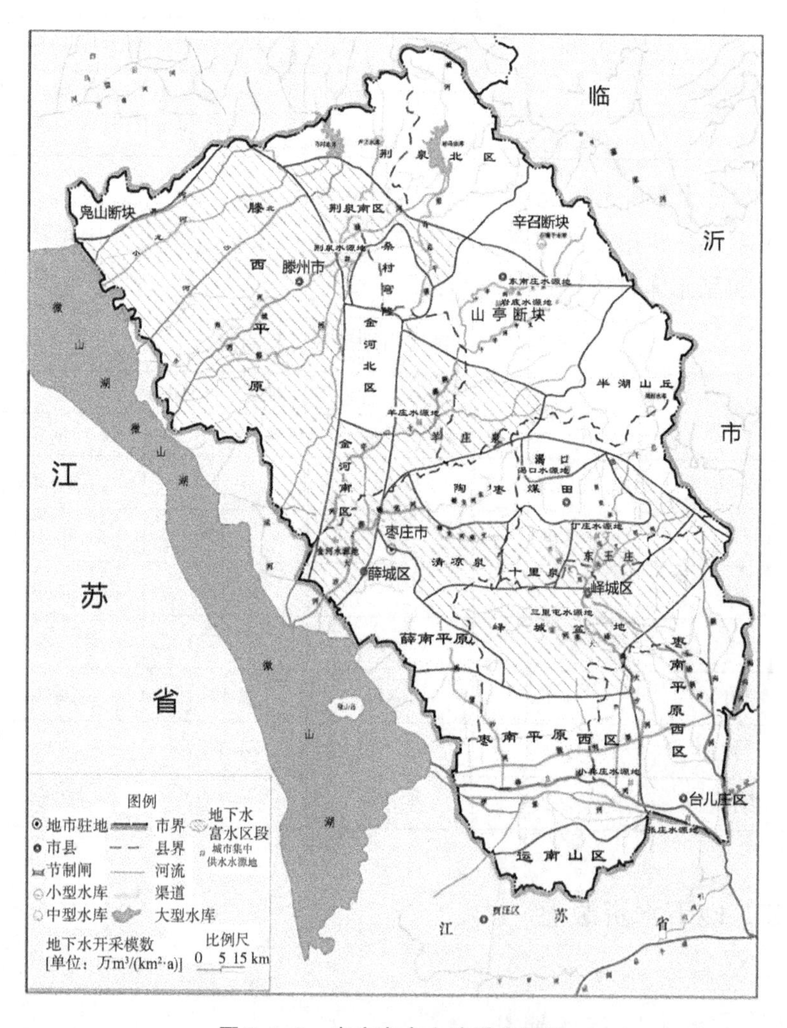

图 3.1-2　枣庄市水文地质分区图

表 3.1-14 枣庄市各水文地质分区及所在行政区面积表 单位:km^2

分区名称		面积	市中区	峄城区	台儿庄区	薛城区	山亭区	滕州市
东王庄		102.4	80.0	22.4				
十里泉		62.8	59.5			3.3		
清凉泉		114.6				114.6		
陶枣盆地	陶枣煤田	148.9	66.3			82.6		
	渴口	24.3	16.3			8.0		
峄城盆地		322.5	3.4	299.9	12.0	7.2		
运南山丘		88.8			88.8			
薛南平原		177.3		17.8		159.5		
金河泉	金河南区	101.4				45.9		55.5
	金河北区	77.2						77.2
凫山断块		77.1						77.1
荆泉区	荆泉南区	161.7					63.1	98.6
	荆泉北区	356.4					222.1	134.3
	桑村穹窿	76.2					60.0	16.2
羊庄盆地	羊庄泉	237.4				21.1	74.8	141.5
	山亭断块	334.9					307.7	27.2
	辛召断块	139.5					139.5	
半湖山丘		300.9	150.8	5.4			144.7	
滕西平原		867.5				5.8		861.7
枣南平原	枣南平原西区	444.6		168.7	215.9	60.0		
	枣南平原东区	333.6		115.1	218.5			
总计		4 550.0	376.3	629.3	535.2	508.0	1 011.9	1 489.3

(二) 地下水资源量计算

1. 降水入渗补给量

降水入渗补给量采用降水入渗系数法计算,其公式为:

$$P_r = \alpha PF/10 \tag{3.1-5}$$

式中:P_r 为降水入渗补给量(万 m^3/a);α 为降水入渗系数(无因次);P 为年平均降水量(mm);F 为计算区面积(km^2)。

经计算,1956—2016 年系列全市多年平均降水入渗补给量为 66 376

万 m^3/a，作为长系列多年平均降水入渗补给量；1980—2016 年系列全市多年平均降水入渗补给量为 64 804 万 m^3/a，作为开始受人类活动影响后的天然条件下的多年平均降水入渗补给量；2001—2016 年系列全市多年平均降水入渗补给量为 66 876 万 m^3/a，作为受人类活动影响强烈的近期条件下的多年平均降水入渗补给量。各行政区不同系列降水入渗补给量见表 3.1-15。

表 3.1-15　枣庄市行政分区不同系列降水入渗补给量表　单位：万 m^3/a

时间	全市	市中区	薛城区	台儿庄区	峄城区	山亭区	滕州市
1956—2016 年	66 376	6 397	6 686	5 350	5 230	12 716	26 998
1980—2016 年	64 804	5 967	6 634	5 181	7 852	12 182	26 988
2001—2016 年	66 876	6 066	7 402	5 096	8 114	12 716	27 482

2. 侧向补给量

地下水侧向补给量利用达西公式，即

$$Q_{侧}=KMILt/10\ 000=TILt/10\ 000 \qquad (3.1-6)$$

式中：$Q_{侧}$ 为侧向补给量（万 m^3/a）；K 为含水层渗透系数（m/d）；M 为含水层厚度（m）；I 为水力坡度（无因次）；L 为侧向补给断面的长度（m）；T 为含水层导水系数（m^2/d）；t 为发生侧向补给的时间（d）。

含水层导水系数 T 利用抽水试验资料求得；侧向补给断面的长度 L 通过实际量算求得；水力坡度 I 由各年水位观测资料求得（计算时尽量选取与侧向补给剖面线垂直的观测井，不垂直的根据剖面走向与地下水流向间的夹角进行换算）。

3. 河道入渗补给量

各水文地质分区内大部分都有河流穿过，当河道水位高于岸边地下水位时，河水渗漏补给地下水，河流对地下水补给量的大小，与该区对地下水开采程度、地下水埋深和地层岩性都有一定的关系，这次所计算的河道入渗补给量主要利用水文河道流量基流切割法及 1975 年后在部分河道设定的枯季流量断面实测资料求得。

4. 井灌回归和渠灌田间入渗补给量

地下水井灌回归、地表水渠灌田间入渗补给量采用回归系数法计算，回归系数因没有当地试验数据，而借用外地区的试验数据（其数据使用漫灌地区），计算公式如下：

$$Q_{井}=\beta_{井} RF=\beta_{井} W_{开} \tag{3.1-7}$$

式中：$Q_{井}$为井灌回归补给量（万 m^3/a）；$W_{开}$为地下水开采灌溉水量（万 m^3/a）。

地表水渠灌田间入渗补给量的计算方法与井灌回归补给量的计算方法相同。

5. 地下水总补给量及地下水资源量

地下水总补给量为各项补给量之和，地下水资源量为总补给量减去井灌回归补给量。在地下水资源量计算的过程中，上下游地质区之间、山丘区和平原区之间存在着重复计算量，在计算区域地下水资源量时应予以扣除。重复计算量包括山前侧渗补给量和由山丘区基流形成的对平原区地下水的补给量，地下水资源量计算公式为：

$$Q_{资}=Q_{总补}-Q_{井归}-Q_{侧补}-Q_{基补} \tag{3.1-8}$$

式中：$Q_{资}$为计算区平均地下水资源量（万 m^3/a）；$Q_{总补}$为计算区平均总补给量（万 m^3/a）；$Q_{井归}$为计算区井灌回归补给量（万 m^3/a）；$Q_{侧补}$为计算区山前侧渗补给量（万 m^3/a）；$Q_{基补}$为山丘区河川基流形成的对平原区地下水补给量（万 m^3/a）。

山丘区河川基流对平原地下水补给量 $Q_{基补}$ 与地表水的开发利用水平有关，可用 $Q_{基补}=Q_{表补}\cdot K$ 估算，$Q_{表补}$为地表水体补给量，K 为河川基流量与河川径流量的比值。

对枣庄市各水资源区按1956—2016年、1980—2016年、2001—2016年三个系列分别计算出其地下水资源量。全市1956—2016年系列平均地下水资源量为71 744万 m^3/a，1980—2016年系列平均地下水资源量为72 572万 m^3/a，2001—2016年系列平均地下水资源量为73 961万 m^3/a。各行政区不同系列地下水资源量见表3.1-16。

表 3.1-16 枣庄市各行政区不同系列地下水资源量统计表 单位：万 m^3/a

系列	全市	市中区	薛城区	台儿庄区	峄城区	山亭区	滕州市
1956—2016年	71 744	7 225	7 335	5 897	9 109	13 381	28 797
1980—2016年	72 572	7 211	7 585	5 895	9 177	13 127	29 577
2001—2016年	73 961	6 967	8 318	5 809	9 243	13 797	29 827

（三）地下水资源时空分布

地下水资源的地域分布受地形、地貌、水文气象、水文地质条件以及人类活动等众多因素的共同影响，不同地区相差较大。总体来看，平原区大于山丘区，岩溶山区大于一般山丘区。全市 21 个水文地质区不同系列的地下水资源模数见表 3.1-17。

枣庄市多年平均(1956—2016 年)地下水资源模数为 15.8 万 $m^3/(a \cdot km^2)$，21 个水文地质区中地下水资源模数<10.0 万 $m^3/(a \cdot km^2)$的有 4 个区，分别是陶枣煤田、薛南平原、辛召断块和桑村穹窿；地下水资源模数在 10.0 万～20.0 万 $m^3/(a \cdot km^2)$的有 9 个，分别是峄城盆地、枣南平原东区、枣南平原西区、运南山丘、金河北区、山亭断块、荆泉北区、半湖山丘和凫山断块；地下水资源模数在 20.0 万～30.0 万 $m^3/(a \cdot km^2)$的有 7 个，分别是东王庄、渴口、清凉泉、金河南区、羊庄泉、荆泉南区和滕西平原；地下水资源模数>30.0 万 $m^3/(a \cdot km^2)$的有 1 个，就是十里泉。地下水资源模数≥20.0 万 $m^3/(a \cdot km^2)$的 8 个水文地质区中，除滕西平原是第四系孔隙水含水层外，其他 7 个水文地质区都是地势较为平坦的岩溶区。而地下水资源模数<10.0 万 $m^3/(a \cdot km^2)$的 4 个区中辛召断块是以变质岩为主的山丘区，薛南平原是下伏变质岩的平原区，桑村穹窿为下伏侵入火成岩的丘陵区，陶枣煤田则是煤系地层分布区。地下水资源模数在 10.0 万～20.0 万 $m^3/(a \cdot km^2)$的 9 个地质区，主要为岩溶山区和山前平原分布区。东王庄、十里泉、清凉泉、金河南区、滕西平原、羊庄泉、荆泉南区、峄城盆地为枣庄市 8 个地下水较富集的水文地质区，号称枣庄市八大水源地，这八大水源地在枣庄市具有十分重要的供水意义。

表 3.1-17　枣庄市各水文地质区不同系列地下水资源模数表　单位：万 $m^3/(a \cdot km^2)$

分区名称	1956—2016 年	1980—2016 年	2001—2016 年
十里泉	30.6	31.1	30.7
东王庄	29.1	29.5	27.3
渴口	28.2	27.7	25.0
陶枣煤田	8.9	9.5	9.1
峄城盆地	17.3	17.5	18.3
枣南平原东区	11.6	11.6	11.0
枣南平原西区	10.1	10.1	9.7
运南山丘	10.9	10.9	12.4
薛南平原	8.3	8.7	10.3
清凉泉	22.9	23.6	28.0

续表

分区名称	1956—2016 年	1980—2016 年	2001—2016 年
金河南区	21.9	23.0	23.6
金河北区	16.2	16.6	16.2
羊庄泉	21.3	21.9	23.5
山亭断块	14.1	13.6	14.8
辛召断块	8.9	8.8	10.0
荆泉北区	10.8	10.7	9.7
荆泉南区	22.5	22.5	24.2
半湖山丘	13.1	12.3	12.5
桑村穹窿	8.3	8.4	9.8
滕西平原	21.0	21.8	21.5
凫山断块	13.3	13.1	15.6
全市平均	15.8	15.9	16.2

从枣庄市的情况看，长系列(1956—2016 年)降水入渗补给量占地下水资源量的 92.5%；1980—2016 年降水入渗补给量占地下水资源量的 89.3%；近期条件下(2001—2016 年)降水入渗补给量占地下水资源量的 90.4%，因此地下水资源量与降水量的变化密切相关，地下水资源量的年际变化幅度大于降水量的年际变化幅度，山丘区地下水资源量的年际变化幅度大于平原区。

1956—2016 年期间，降水量的年际变化存在丰、枯交替，连丰与连枯并存的现象。与降水量的年际变化相类似，降水入渗补给量的年际变化也很大(图 3.1-3)。全市年平均降水量的最大值出现在 2003 年，为 1 234.8 mm，最小值出现在 1988 年，为 494.0 mm，极值比为 2.50；降水入渗补给量的最大值也出现在 2003 年，为 11.472 2 亿 m^3，最小值出现在 1981 年，为 4.515 5 亿 m^3，极值比为 2.54，降水入渗补给量最大值和最小值分别占长系列多年平均值的 170.3%和 67.0%。在 1956—2016 年的 61 年系列中，3 年以上的连续丰水年和连续枯水年各出现过 3 次，连续丰水年分别是 1969—1971 年、1993—1995 年、2003—2008 年，而连续枯水年分别为 1965—1968 年、1975—1978 年、1986—1989 年；此外，连续 2 年的枯水年还出现在 1996—1997 年、2001—2002 年。代表近期下垫面条件的 2001—2016 系列中，全市年平均降水量为 807.8 mm，比长系列降水量 803.5 mm 偏多 0.54%，与长系列基本持平；全市平均长系列降水入渗补给量为 6.637 6 亿 m^3，2001—2016 系列的降水入渗补给量为 6.687 6 亿 m³，比长系列偏多 0.75%。大规模人工开采以来的 1980—2016 系列中，全市年平均降水量为 768.8 mm，比长系列降水量 803.5 mm 偏少 4.3%；全市平均降水入渗补给量为 6.480 4 亿 m³，比长系列偏少 2.4%。长系列中降水量的最大值和最小值都在这个系列中，降水入渗补给量的最大值和最小值也都在这个系列之中，因而 1980—2016 年系列具有较好的代表性，采用该系列的水资源量、可开采资源量等为基础，进行水资源配置和优化调度。

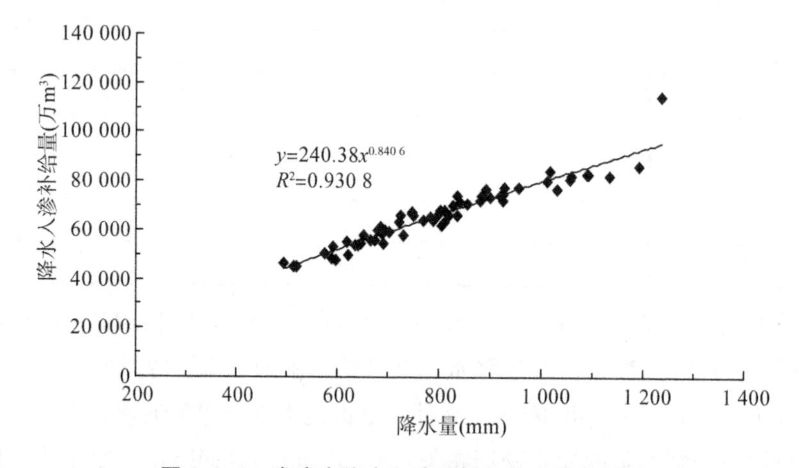

图 3.1-3　枣庄市降水入渗补给与降水量关系图

（四）地下水可开采量

地下水可开采量是指在保护生态环境和地下水资源可持续利用的前提下，采取经济上合理、技术上可行的措施，在近期下垫面条件下可以从含水层中获取的最大水量。

1. 地下水可开采量计算

1）平原区地下水可开采量评价

一般以水均衡法为主，以实际开采量调查法和可开采系数法为参考方法，评价地下水可开采量，有条件的地区也可以先用数值法、多年调节计算法等方法计算，按照“多种方法、综合分析、从严选用”原则确定地下水可开采量评价成果。

(1) 水均衡法

基于水均衡原理，计算分析单元多年平均地下水可开采量。对于地下水开发利用程度较高的地区，可在多年平均浅层地下水资源量的基础上，在总补给量中扣除难以袭夺的潜水蒸发量、河道排泄量、侧向流出量、湖库排泄量等，近似作为多年平均地下水可开采量，也可按公式(3.1-9)近似计算多年平均地下水可开采量。

$$Q_{平可开采}=Q_{平实采}+\Delta W \tag{3.1-9}$$

式中：$Q_{平可开采}$为平原区多年平均地下水可开采量(万 m^3)；$Q_{平实采}$为平原区多年平均实际开采量(万 m^3)；ΔW 为多年平均地下水蓄变量(万 m^3)。

对于地下水开发利用程度较低的地区，可考虑未来开采量可能增加的因素及其引起的补排关系的变化，结合上述方法确定多年平均地下水可开采量。要求结合实际开采量、地下水埋深等资料进行地下水可开采量成果进行合理性分析。

(2) 实际开采量调查法

实际开采量调查法适用于地下水开发利用程度较高、地下水实际开采量统计资料较准确完整且潜水蒸发量较小的分析单元。若某分析单元 2001—2016 年期间某时段(一般不少于 5 年)的地下水埋深基本稳定，则可将该时段的年均地下水实际开采量近似作为多年平均地下水可开采量。

(3) 开采系数法

按下式计算分析单元多年平均地下水可开采量：

$$Q_{平可开采}=\rho Q_{总补} \tag{3.1-10}$$

式中：ρ 为分析单元的平原区地下水可开采系数；$Q_{平可开采}$为分析单元的平原区多年平均地下水可开采量(万 m^3)；$Q_{总补}$为多年平均地下水总补给量(万 m^3)。

地下水可开采系数 ρ 是反映生态环境约束和含水层开采条件等因素的参数，取值应不大于 1.0。要求结合近年地下水实际开采量及地下水埋深等资料，并经水均衡法或实际开采量调查法典型核算后，合理选取地下水可开采系数成果。在生态脆弱地区，地下水可开采系数应从严选用。

2) 山丘区地下水可开采量评价

山丘区地下水可开采量是指采用凿井方式开发利用的地下水资源量。由于山丘区水文地质条件及开采条件差异很大，地下水可开采量，根据含水层类型、地下水富水程度、调蓄能力、开发利用程度等，以实际开采量和泉水流量(扣除已纳入地表水可利用量的部分)为基础，同时考虑生态环境需要等综合分析确定。按照“多种方法、综合分析、从严选用”的原则确定地下水可开采量评价成果。

(1) 可开采系数法

山丘区某地区地下水可开采量按公式(3.1-11)进行计算,可开采系数确定方法同平原区。根据第二次水资源评价成果,山东省山丘区可开采系数一般采用范围:岩溶山区为0.70～0.85,一般山丘区为0.55～0.75。

$$Q_{山可开采}=\rho_{山}\ Q_{山资} \tag{3.1-11}$$

式中:$Q_{山可开采}$为某地区山丘区的多年平均地下水可开采量(万 m^3);$\rho_{山}$为某地区山丘区的地下水可开采系数;$Q_{山资}$为多年平均地下水资源量(万 m^3)。

(2) 泉水多年平均流量不小于1.0 m^3/s的岩溶山区

①在评价时段内开采岩溶水水量较小(可忽略不计)的岩溶山区,以未纳入地表水可利用量的多年平均泉水实测流量,作为该岩溶山区的多年平均地下水可开采量。

②对于以凿井方式开发利用地下水程度较高、近期泉水实测流量逐年减少的岩溶山区,以评价时段内地下水水位动态相对稳定时段(时段长度不少于2个平水年或不少于包括丰、平、枯水文年5年)所对应的年均实际开采量,作为该岩溶山区的多年平均地下水可开采量。其中,因修复生态需要,必须恢复泉水流量的岩溶山区,应在确定恢复泉水流量目标的基础上,确定该岩溶山区多年平均地下水可开采量。

③对于以凿井方式开采岩溶水程度不太高的岩溶山区,以评价时段内多年平均泉水实测流量与实际开采量之和,再扣除该泉水被纳入地表水可利用量的量,作为该岩溶山区多年平均地下水可开采量。

(3) 一般山丘区及泉水多年平均流量小于1.0 m^3/s的岩溶山区

①对于以凿井方式开发利用地下水程度较高的地区,可根据评价时段内地下水实际开采量,并结合相应时段地下水水位动态分析,确定多年平均地下水可开采量,即以评价时段内地下水水位动态过程线中地下水水位相对稳定时段(时段长度不少于2个平水年或不少于包括丰、平、枯水文年5年)所对应的多年平均实际开采量,作为该一般山丘区或岩溶山区的多年平均地下水可开采量。

②对于以凿井方式开发利用地下水的程度较低,但具有以凿井方式开发利用地下水前景,且具有较完整水文地质资料的地区,可采用水文地质比拟

法估算一般山丘区或岩溶山区的多年平均地下水可开采量。

2. 地下水可开采量调查评价结果

枣庄市行政分区不同系列的地下水可开采量结果见表 3.1-18，水资源分区不同系列的地下水可开采量结果见表 3.1-19。

表 3.1-18 枣庄市各行政区不同系列地下水可开采量统计表 单位：万 m^3/a

系列	全市	市中区	薛城区	台儿庄区	峄城区	山亭区	滕州市
1956—2016 年	61 291.9	6 333.6	6 228.0	4 454.1	7 744.8	10 855.3	25 676.1
1980—2016 年	62 088.3	6 340.0	6 437.7	4 452.8	7 808.4	10 665.6	26 383.8
2001—2016 年	62 855.2	6 128.0	7 070.7	4 243.7	7 810.1	11 232.6	26 370.1

表 3.1-19 枣庄市各水资源分区不同系列地下水可开采量统计表 单位：万 m^3/a

系列	全市	湖东区	韩庄运河区
1956—2016 年	61 291.9	42 759.4	18 532.5
1980—2016 年	62 088.3	43 487.1	18 601.2
2001—2016 年	62 855.2	44 673.4	18 181.8

（五）重点地下水水源地可开采量核算

地下水水源地是指以工业、城乡生活为供水对象的地下水集中开采区。日开采量大于 15 万 m^3 的为特大型水源地，日开采量为 5 万～15 万 m^3 的为大型水源地，日开采量为 1 万～5 万 m^3 的为中型水源地，日开采量小于 1 万 m^3 为小型水源地。重点地下水水源地是指大型以上及重点中型、跨市界或市界两侧各 5 km 范围内的水源地。依据相关文件要求，需在本次地下水资源量评价成果的基础上，对重点地下水水源地多年平均资源量及可开采量进行核算，分析各水源地的开采程度和潜力。对属于同一水文地质单元不同富水段的水源地，可作为一个水源地进行核算。

1. 核算方法

（1）补给量法：根据地形地貌、地质与水文地质条件，分析补径排关系，确定水源地补给边界；计算各水源地补给区的地下水总补给量；根据地下水富水程度、调蓄能力和开发利用情况，确定水源地补给区总可开采量，扣除面上分散开采量，得到水源地可开采量。

(2) 时段均衡法：通过研究某一均衡区内某一均衡期地下水的补给量、排泄量与地下水蓄变量之间的关系，确定地下水的补排项或其物理结构参数(如单位储水量 μF)。均衡方程式如下：

$$Q_{补}-Q_{排}=\pm\mu F\Delta H \quad (3.1\text{-}12)$$

式中：$Q_{补}$ 为均衡区内均衡期补给总量(万 m^3)；$Q_{排}$ 为均衡区内均衡期排泄总量(万 m^3)；μF 为单位储水量(万 m^3/m)；ΔH 为均衡期内水位变幅(m)。

运用水均衡原理建立开采条件下的多时段均衡法，它能够充分利用长系列的水位动态资料和开采量资料，是一种有效的评价已建立水源地开采条件下的多年平均补给量及可开采量的方法。对于开发利用程度较高甚至已出现超采的水源地，从水资源评价角度而言，其多年平均补给量就是可开采资源量。

(3) 回归分析法：根据水源地的年降水量、地下水开采量、水位变幅等进行相关分析，以年降水量、地下水开采量等因子为自变量，年末与年初地下水位变幅为因变量，建立回归方程，推求水源地的可开采量。回归公式如下：

$$\Delta H=k_1P+k_2Q_{开}+A \quad (3.1\text{-}13)$$

式中：P 为水源地历年降水量(mm)；$Q_{开}$ 为水源地历年开采量(万 m^3)；ΔH 为年末与年初地下水位变幅(m)；k_1、k_2、A 为待定系数。

首先通过 $\Delta H-P$ 单相关分析，推算出水源地均衡降水量 $P_{均衡}$(即 $\Delta H=0$ 时的降水量)，再与水源地多年平均降水量 $P_{平均}$ 对比，可以初步判断水源地在评价期间的补排平衡状态(若 $P_{均衡}\leqslant P_{平均}$，表明水源地补排基本平衡；若 $P_{均衡}>P_{平均}$，表明水源地已出现超采)，并与水源地地下水动态变化趋势相一致。其次经 $\Delta H-P$、$Q_{开}$ 多元回归分析，推求得出水源地均衡降水量条件下的开采量，即为该水源地可开采量。

(4) 地下水数值模拟法：对于水文地质单元边界清晰、水文地质条件清楚、水文地质资料翔实、有长系列动态监测资料的水源地，可采用地下水数值模拟法进行地下水均衡分析，评价地下水可开采资源。

2. 核算结果

枣庄市各重点水源地 2001—2016 年系列可开采量及开采潜力情况见

表 3.1-20。

表 3.1-20 枣庄市各重点水源地 2001—2016 年可开采量统计表 单位：万 m^3/a

分区名称(水源地)	所在区(市)	地下水资源量	可开采量	实际开采量	开采潜力
荆泉南区(荆泉)	滕州市	4 027.8	3 716.7	3 275.7	441.0
羊庄泉(羊庄)	滕州市	5 955.9	5 300.2	4 569.6	730.6
金河南区(金河)	薛城区	3 093.4	2 784.1	2 707.1	77.0
东王庄(丁庄)	市中区	2 861.6	2 696.0	2 296.2	399.8
峄城盆地(三里庄)	峄城区	6 204.3	5 313.4	4 261.7	1 051.7
枣南平原东区(张庄、小龚庄)	台儿庄区	3 835.3	2 743.9	1 742.2	1 001.7
山亭断块(东南庄、岩底)	山亭区	4 965.3	3 972.3	1 678.0	2 294.3

三、水资源总量

水资源总量即地表水资源量与地下水不重复计算量之和。根据枣庄市各分区近期下垫面条件的地表水、地下水资源评价相关成果，计算出各分区1956—2016 年系列的水资源总量。对行政区不同长度系列的水资源总量进行了频率分析，计算各分区不同长度系列的水资源总量和不同保证率水资源总量的特征值，详见表 3.1-21 及表 3.1-22。枣庄市 1956—2016 年系列多年平均地表水资源量为 10.223 亿 m^3，地下水资源量为 7.174 亿 m^3，扣除重复计算量 2.960 亿 m^3，水资源总量为 14.437 亿 m^3。从表可以看出，全市不同长度系列年均水资源总量中，1956—2000 年系列年均水资源总量最大，为14.508 亿 m^3，比 1956—2016 年长系列偏多 0.5%；1980—2016 年系列年均水资源总量最少，为 13.017 亿 m^3，比 1956—2016 年长系列偏少 9.8%(图3.1-5)，这与降水量的时间分布特征基本一致，但水资源总量不仅与年降水量的大小有关，还与雨型及其组合、下垫面条件、水文地质条件、地下水开采与地表拦蓄工程等人类活动以及地下水埋深等因素有关，因而，水资源总量的变差系数要比降水量大得多。

表 3.1-21　枣庄市行政区不同系列水资源总量及特征值统计表

单位:万 m^3

系列	保证率	市中区	峄城区	台儿庄区	薛城区	山亭区	滕州市	全市
1956—2016 年	20%	17 639	25 149	21 224	21 498	43 475	65 530	190 739
	50%	11 637	16 737	13 452	14 908	28 952	46 897	133 441
	75%	8 432	12 192	8 819	10 962	19 995	34 553	98 802
	95%	5 789	8 397	4 312	7 072	10 770	21 545	66 149
	均值	13 158	18 824	14 988	16 191	31 538	49 667	144 367
	C_v 值	0.49	0.48	0.56	0.44	0.50	0.41	0.43
	C_s 值	1.47	1.44	1.12	1.10	1.00	0.82	1.08
1956—2000 年	20%	17 653	23 981	20 124	21 087	43 504	64 442	189 015
	50%	11 266	17 098	13 727	14 752	28 918	47 161	135 566
	75%	7 946	13 092	9 941	10 923	20 502	36 800	102 603
	95%	5 347	9 324	6 300	7 313	12 636	26 683	68 653
	均值	12 971	18 544	15 019	15 960	32 043	50 546	145 083
	C_v 值	0.53	0.40	0.46	0.43	0.19	0.37	0.40
	C_s 值	1.59	1.20	1.15	1.08	1.22	1.11	1.00
1980—2016 年	20%	15 638	23 703	19 441	19 371	36 954	59 271	170 528
	50%	11 192	15 360	11 764	13 464	25 012	42 790	118 529
	75%	8 325	11 000	7 699	10 114	17 562	32 057	89 031
	95%	5 142	7 527	4 417	7 093	9 767	20 076	62 443
	均值	11 853	17 553	13 743	14 787	27 059	45 176	130 171
	C_v 值	0.41	0.51	0.60	0.43	0.48	0.40	0.43
	C_s 值	0.82	1.53	1.50	1.29	0.96	0.80	1.29

表 3.1-22 枣庄市各分区不同系列水资源量统计表 单位:万 m^3

分区名称	统计项目	1956—2016 年	1956—2000 年	1980—2016 年
		61 年	45 年	37 年
市中区	地表水资源量	9 555	9 533	8 230
	地下水资源量	7 225	7 317	7 211
	水资源总量	13 158	12 971	11 853
	重复计算量	3 622	3 879	3 588
峄城区	地表水资源量	14 840	15 041	13 081
	地下水资源量	9 109	9 062	9 177
	水资源总量	18 824	18 544	17 553
	重复计算量	5 125	5 559	4 705
台儿庄区	地表水资源量	12 570	12 744	11 096
	地下水资源量	5 897	5 929	5 895
	水资源总量	14 988	15 019	13 743
	重复计算量	3 479	3 654	3 248
山亭区	地表水资源量	24 919	25 734	20 493
	地下水资源量	13 381	13 233	13 127
	水资源总量	31 538	32 043	27 059
	重复计算量	6 762	6 924	6 561
薛城区	地表水资源量	11 905	12 196	10 205
	地下水资源量	7 335	6 985	7 585
	水资源总量	16 191	15 960	14 787
	重复计算量	3 049	3 221	3 003
滕州市	地表水资源量	28 436	29 458	23 621
	地下水资源量	28 797	28 430	29 577
	水资源总量	49 667	50 547	45 176
	重复计算量	7 566	7 341	8 022

续表

分区名称	统计项目	1956—2016 年	1956—2000 年	1980—2016 年
		61 年	45 年	37 年
枣庄市	地表水资源量	102 225	104 706	86 726
	地下水资源量	71 744	70 956	72 572
	水资源总量	144 378	145 083	130 171
	重复计算量	29 601	30 579	29 127

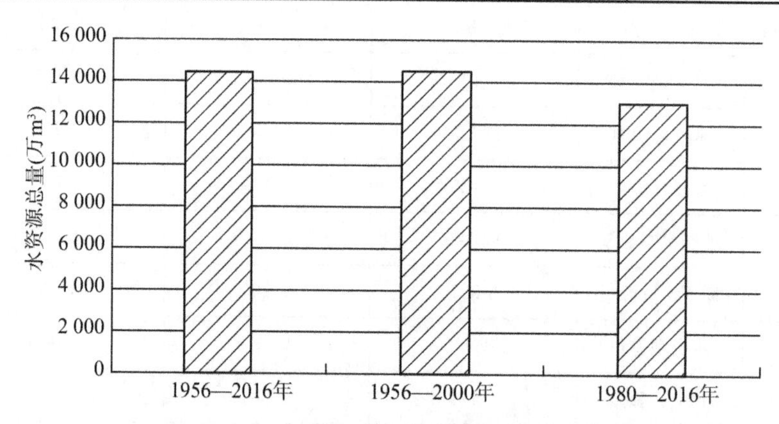

图 3.1-4　枣庄市不同系列水资源总量对比图

第二节　水资源开发利用现状

水资源是一个国家的基础性、战略性重要资源与能源。水资源系统则是一个含有大量不确定性信息的复杂系统，其开发利用程度随着社会需求的增长和经济技术水平的提高而不断增加，在一定的社会经济技术水平和自然条件下，区域水资源的开发总是被限制进行的。研究一个地区的水资源开发利用程度，不但可以反映当地的社会经济水平，还可以量化当地水资源可持续发展潜力。目前，枣庄市水资源取水模式主要包括开发利用当地地表水、地下水、跨流域调水及非常规水等。地表水源工程主要包括大、中、小型水库，塘坝及河道拦蓄工程等；地下水源工程主要指机电井工程等；跨流域调水主要指南水北调工程；非常规水资源工程主要指再生水利用工程。

由于水资源开发利用有一定的限度，有其承载能力，因此需要估算可为经济与社会发展提供的水资源量；在供水和用水平衡的基础上，进行可利用水量与耗水量之间的平衡；拟定区域水资源合理开发利用的水平，从而为水资源配置，协调生活、生产和生态用水提供依据。

本章节主要从供水工程设施出发，分析不同行业现状用水效率，分析水资源开发利用程度（地表水、地下水、中水、外调水、雨洪水）。

一、水资源开发利用概况

根据《枣庄市第三次水资源调查评价》，枣庄市多年平均水资源总量14.437亿m^3，其中，地表水10.223亿m^3，地下水7.174亿m^3，重复计算量2.960亿m^3，人均水资源占有量为360 m^3/人，为全国水平的四分之一，略高于全省水平。枣庄市多年平均水资源可利用量10.6亿m^3（指在可预见的时期内，统筹考虑生活、生产和生态环境用水，协调河道内与河道外用水基础上，采取技术可行的措施可供河道外一次性利用的最大用水量，不包括回归水重复利用量）。其中，地表水4.3亿m^3，地下水6.3亿m^3。特殊干旱年份枣庄市地表水可利用量仅有2.05亿m^3，地下水可利用量仅有4.7亿m^3。枣庄市客水主要包括南水北调水、南四湖农业用水和会宝岭水库地表水，客水年可利用量为2.92亿m^3，具体情况见表3.2-1。

表3.2-1 枣庄市客水利用情况表

<table>
<tr><th>序号</th><th>工程名称</th><th colspan="2">供水单元</th><th>设计取水量</th></tr>
<tr><td rowspan="3">1</td><td rowspan="3">南水北调续建配套工程</td><td rowspan="2">市区</td><td>市中区</td><td>800万m^3/a</td></tr>
<tr><td>薛城区</td><td>1 200万m^3/a</td></tr>
<tr><td colspan="2">滕州市</td><td>7 000万m^3/a</td></tr>
<tr><td>2</td><td>会宝岭水库向十里泉电厂供水工程</td><td colspan="2">十里泉电厂</td><td>1 200万m^3/a</td></tr>
<tr><td rowspan="2">3</td><td rowspan="2">南四湖农业提水工程</td><td>上级湖</td><td>滕州市农业</td><td>6 000万m^3/a</td></tr>
<tr><td>下级湖</td><td>农业用水</td><td>13 000万m^3/a</td></tr>
</table>

随着城镇化的不断发展，城镇居民用水量与人口变化呈现逐渐增加的相同趋势，第二、第三产业的发展，也增加了人们的用水需求。工业用水早期多为废水直排方式，取用新水量大，废水不经处理直接排放，对环境造成严重影响。随着国家对环境保护的要求越来越严格，企业节约用水意识不

断提高，污水处理再生回用量越来越多，水重复利用率越来越高，工业用水总体呈现减少趋势。农业用水的影响因素有很多种，如气候、作物种类、种植模式、灌溉方式、农民收入水平以及农业生产效率等。研究表明，我国农业生产效率呈倒“U”形走势，所以相应农业用水量呈先减小后增加趋势，同时水资源禀赋、水利投资和耕地有效灌溉面积等与农业用水量也呈正相关。随着人们对生态文明越来越重视，生态补水呈增长趋势，特别是近几年，这种增长趋势更为明显。

枣庄市地下水的开发利用，最早只是用于农村和城市生活用水，20 世纪 70 年代开始大量打井取水，用于农业灌溉，农业用水量迅速增加。随着城市规模的扩大和工业的不断发展，城市公共用水和工业用水数量也在日益增加。根据 2016—2019 年的统计资料，在全市用水总量中，地下水用量占用水总量的 60%～70%。2019 年全市实际用水总量 5.6 亿 m^3，其中地表水 1.57 亿 m^3，地下水 3.60 亿 m^3，再生水 0.43 亿 m^3。农业用水量共计 2.5 亿 m^3，其中农业灌溉用水量 2.1 亿 m^3；工业用水量为 1.13 亿 m^3；城乡居民生活用水量为 1.23 亿 m^3；其他用水量为 0.73 亿 m^3。计算得到全市万元 GDP 耗水量 33.06 m^3，万元工业增加值耗水量 16.85 m^3，人均生活用水量 86 L/(人·d)，符合山东省水利厅下达的用水效率控制指标的要求。

二、供、用水量统计

（一）供水量

供水量是指各种水源向河道外取用水户提供的包括输水损失在内的水量之和，按受水区统计。在受水区内，按取水水源分为地表水源供水量、地下水源供水量和其他水源供水量 3 种类型统计。

1. 地表水源供水量

地表水源供水量按蓄、引、提、调四种形式统计。为避免重复统计，从水库、塘坝中引水或提水，均属蓄水工程供水量；从河道或湖泊中自流引水的，无论有闸或无闸，均属引水工程供水量；利用扬水站从河道或湖泊中直接取水的，属提水工程供水量；跨流域调水供水量是指水资源二级区之间或无天然河流联系的独立流域之间的跨流域调配水量，不包括在蓄、引、提水量中。图 3.2-1 是枣庄市 2016—2019 年地表水源供水量。

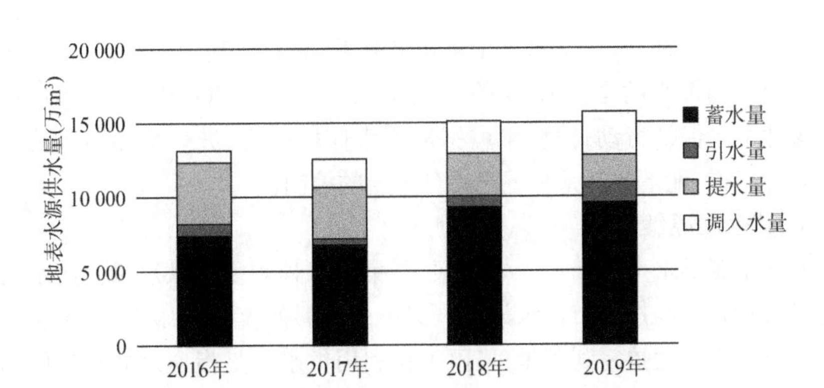

图 3.2-1 枣庄市 2016—2019 年地表水源供水量变化

从图 3.2-1 中可以看出，枣庄市地表水源供水量大致呈增加趋势，2017 年有少量的减少。地表水供水量最大的是 2019 年的 15 710 万 m^3，最小的是 2017 年的 12 544 万 m^3。极端天气、城市规划、人口增长及人口流动都会对供水量产生一定的影响。

2. 地下水源供水量

地下水源供水量是指水井工程的开采量，按浅层淡水和深层承压水分别统计。浅层淡水是指埋藏相对较浅、与当地大气降水和地表水体有直接水力联系的潜水（淡水）以及与潜水有密切联系的承压水，是容易更新的地下水。枣庄市深层岩溶水均属于浅层淡水，属于与降水有较为紧密水力联系的岩溶水，是可以恢复的地下水。深层承压水是指地质时期形成的地下水，埋藏相对较深，与当地大气降水和地表水体没有密切水力联系且难以补给更新的承压水。微咸水利用量是指矿化度为 2～5 g/L 的地下水利用量。图 3.2-2 是枣庄市 2016—2019 年地下水源供水量。

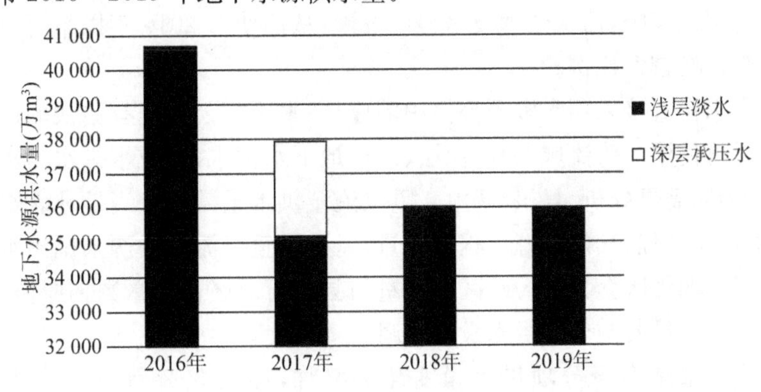

图 3.2-2 枣庄市 2016—2019 年地下水源供水量变化

如图 3.2-2 所示，地下水供水量呈显著下降趋势，其中最大是 2016 年的 40 693 万 m^3，最小的是 2019 年的 35 998 万 m^3。自 2000 年以来，枣庄市按照国家地下水保护行动计划，采取了地下水保护措施，进一步加强了地下水开采管理工作，地下水开采量逐渐得到一定的控制。

3. 其他水源供水量

其他水源供水量包括污水处理回用、集雨工程利用的供水量。污水处理回用供水量是指经过城市污水处理厂集中处理后的直接回用水量，不包括企业内部废污水处理重复利用量；集雨工程利用供水量是指通过修建集雨场地和微型蓄雨工程（水窖、水柜等）取得的供水量。图 3.2-3 是枣庄市 2016—2019 年其他水源供水量变化。

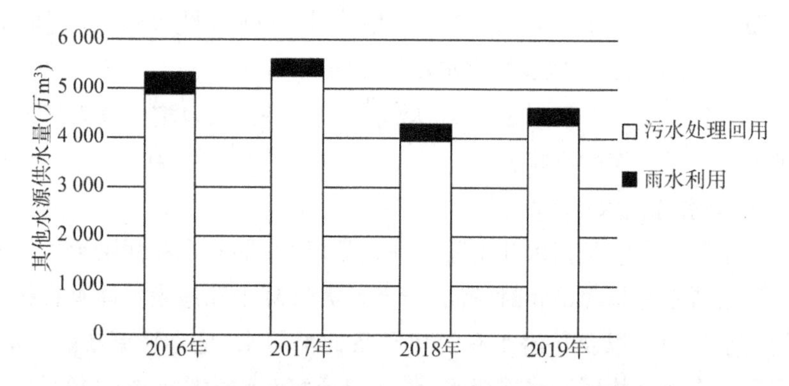

图 3.2-3　枣庄市 2016—2019 年其他水源供水量变化

从图 3.2-3 中可以看出，枣庄市其他水源供水量呈波动下降趋势。其他水源供水量最大的是 2017 年的 5 289.5 万 m^3，最小的是 2018 年的 3 971.5 万 m^3。“十三五”期间，随着经济的发展、科技手段的不断提升以及可持续发展政策的深入实施，污水处理技术得以发展，从而使得 2016 年以来再生水供水量一直占有较大比例。

总供水量直接采用水资源公报中的成果，水资源公报确有错误的进行修正调整后再使用。跨流域调水，深层、浅层地下水供水，微咸水供水与水资源公报有差异，需要分析、复核、调整。重点流域供水量需要按当地地表水源工程、地下水源工程、其他水源工程取水量，以及跨重点流域的调入调出水量统计。水资源四级区套县级行政区供水量与县级行政区供水量数据应协调，县级行政区供水量要与全市供水量相协调。

总供水量是各个分项供水量变化的叠加，如图 3.2-4 所示。枣庄市

2016—2019 年供水量呈现缓慢下降趋势，这是因为近年来枣庄市将以“以供定需”作为供水原则以及积极创建国家节水型城市，故总供水量近几年维持相对平稳变化趋势。

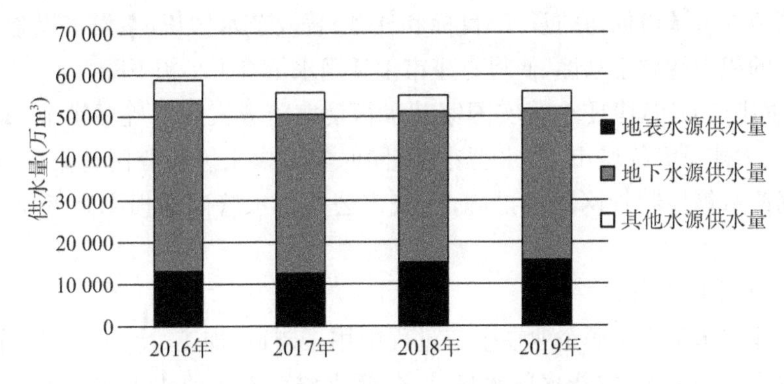

图 3.2-4　枣庄市 2016-2019 年供水量变化

(二) 用水量

用水量是指各类河道外取用水户取用的包括输水损失在内的水量之和。按用户特性分为生活用水、工业用水、农业用水和生态环境补水 4 大类进行统计。同一区域用水量与供水量应相等。

1. 生活用水量

生活用水是指城镇生活用水和农村生活用水。其中，城镇生活用水包括城镇居民生活用水和公共用水(含服务业及建筑业等用水)，农村生活用水是指农村居民生活用水。枣庄市 2016—2019 年生活用水量见图 3.2-5。

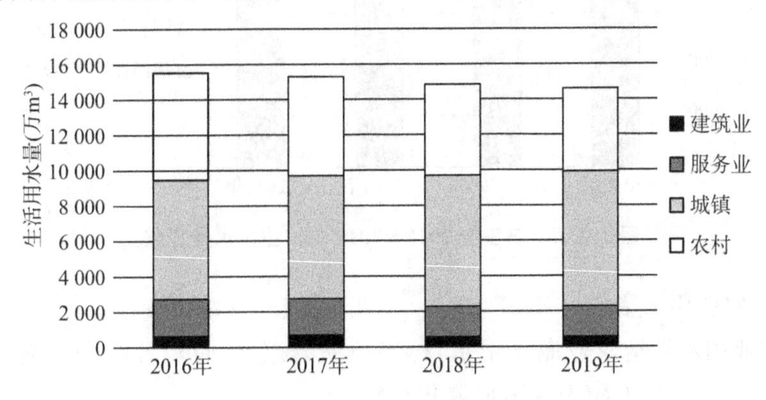

图 3.2-5　枣庄市 2016—2019 年生活用水量变化

因城镇化进程加快，城镇居民用水量随人口变化呈逐渐增加的相同趋势，自“十三五”以来，第二、第三产业的迅速发展，人们的用水需求也随之增大。近年来，枣庄市以节水型城市创建为契机，进一步强化全民节水意识，宣传国家节水型城市创建的意义、目标和任务，普及节水知识，激发市民参与创建工作的积极性和主动性，使得枣庄市生活用水量有了小幅下降。自 2020 年开始，枣庄市颁布《枣庄市落实国家节水行动实施方案》，明确城镇节水增效目标，大力建设海绵城市、节水型小区，同时实施供水管网分区计量管理、老旧管网改造等控制管网漏损措施，将城市公共供水管网漏损率降低至 10%以下。

2. 工业用水量

工业用水是指工矿企业在生产过程中用于制造、加工、冷却、空调、净化、洗涤等方面的用水，按新水取水量计，包括火(核)电工业用水和非火(核)电工业用水，不包括企业内部的重复利用水和水力发电等河道内用水。

从图 3.2-6 中可以看出，从 2016 年到 2019 年间，枣庄市工业用水量较为稳定，没有大幅增加或下降。自 2020 年开始，枣庄市颁布《枣庄市落实国家节水行动实施方案》，明确工业节水提质的目标，要求万元工业增加值用水量(m^3/万元)低于全国平均值的 50%或年降低率≥5%，规模以上工业用水重复利用率达到 92%。

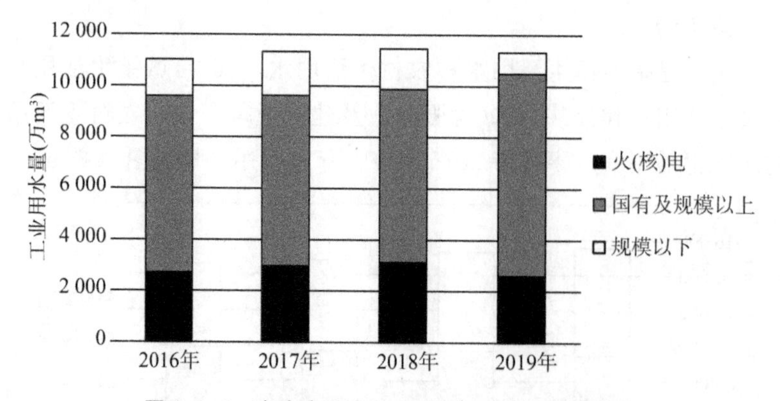

图 3.2-6　枣庄市 2016—2019 年工业用水量变化

3. 农业用水量

农业用水是指农业灌溉用水、林果地灌溉用水、鱼塘补水和牲畜用水。枣庄市 2016—2019 年农业用水量见图 3.2-7。

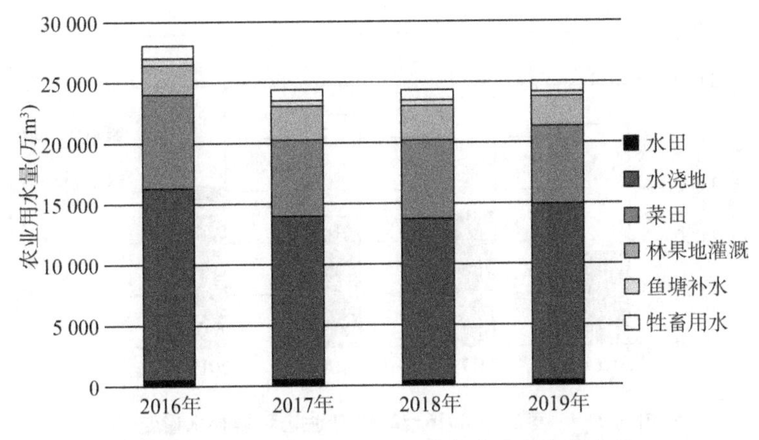

图 3.2-7　枣庄市 2016—2019 年农业用水量变化

影响农业用水需求的因素有很多种，如气候、作物种类、灌溉方式、农民收入水平以及农业生产效率等。研究表明，我国农业生产效率呈倒"U"形走势，所以相应农业用水量呈先减小后小幅增加趋势。自 2020 年开始，枣庄市颁布《枣庄市落实国家节水行动实施方案》，明确农业节水增产目标，农田灌溉水有效利用系数提高到 0.656 以上。

4. 生态环境补水量

生态环境补水包括人工措施供给的城镇环境用水和部分河湖、湿地补水，不包括降水、地面径流自然满足的水量。按照城镇环境用水和农村生态补水两大类进行统计。城镇环境用水包括绿地灌溉用水和环境卫生清洁用水两个部分，其中城镇绿地灌溉用水量是指在城区和镇区内用于绿化灌溉的水量；环卫清洁用水量是指在城区和镇区内用于环境卫生清洁(洒水、冲洗等)的水量。农村生态补水量是指以生态保护、修复和建设为目标，通过水利工程补给河流、湖泊、沼泽及湿地等的水量，仅统计人工补水量中消耗于蒸发和渗漏的水量部分。枣庄市 2016—1019 年生态环境补水量见图 3.2-8。

生态补水可提升地下水位，增强河水自净能力，促进河道生态恢复，缓解河道周边生态恶化，进一步提升水生态环境。因此，2016—2019 年生态环境补水量呈现波动上升趋势。同时，近年来枣庄市积极推进城市水系生态景观建设，强调生态平衡的重要性，这些措施都对人工生态环境补水起到了一定的促进作用。

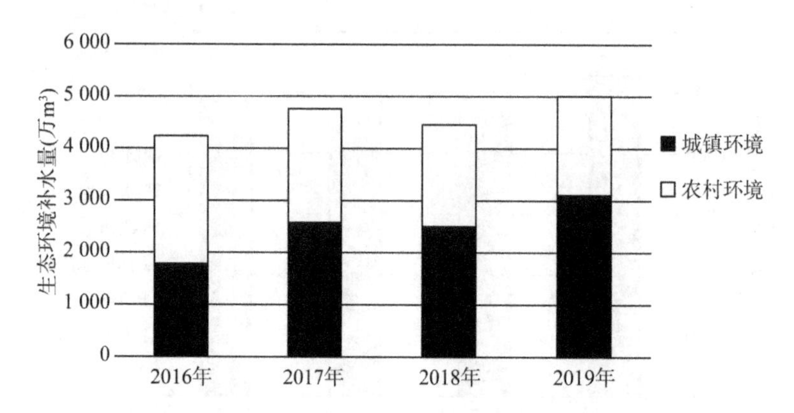

图 3.2-8　枣庄市 2016—2019 年生态环境补水量变化

枣庄市 2016—2019 年用水量变化见图 3.2-9。

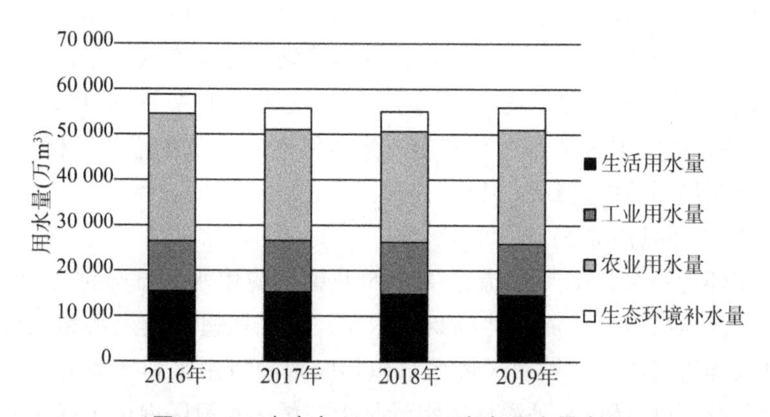

图 3.2-9　枣庄市 2016—2019 年年用水量变化

用水总量是各个分项用水量变化的叠加，而且与相应年份的供水量数值相对应。从用水结构来看，枣庄市农业用水占比较高，其次是生活用水、工业用水，生态环境用水占比最低。随着未来社会经济的快速发展，未来农业用水量增长趋势不大，工业及生活用水逐步增长，生态环境用水可能会随着人居环境的提升要求有较大规模的增长。总体来看(表 3.2-2)，枣庄市地表水利用率偏低，用水比较依赖地下水。其中，市中区地表水利用率最高，达 42.7%，其次是滕州市，地表水利用率为 20.1%，其他区均不足 10%；地下水利用率各区(市)均较高，滕州市高达 84.8%，薛城区为 73.2%，市中区 57.5%，台儿庄区 42.9%，峄城区 37.0%，山亭区最低，为 26.7%。

表 3.2-2　枣庄市 2016—2019 年年均用水利用率

类型		市中区	薛城区	峄城区	台儿庄区	山亭区	滕州市	全市
地表水	总量(万 m^3)	9 555	11 905	14 840	12 570	24 919	28 436	102 225
地下水		6 334	6 228	7 745	4 454	10 855	25 676	61 292
地表水	利用水量(万 m^3)	4 077	1 014	932	1 202	1 164	5 725	14 114
地下水		3 643	4 560	2 865	1 912	2 900	21 783	37 663
地表水	利用率	42.7%	8.5%	6.3%	9.6%	4.7%	20.1%	13.8%
地下水		57.5%	73.2%	37.0%	42.9%	26.7%	84.8%	61.4%

第三节　水环境质量评价

造成水资源紧张的原因有很多种，不仅包括水资源短缺、供水不足，水资源污染的影响也十分关键。随着城市工业发展的加快以及城市居民生活污水排水量的不断增加，城市河道水质恶化问题越来越严重，甚至对城市居民的身体健康也构成一定威胁。工业污水和城市生活污水若直接排入河道，或工业污水以及生活污水混合排放，会对水生态环境造成严重不良影响。因此，合理评价水环境质量，可以明确地区水资源可利用量以及未来水资源开发利用方式，对当地水资源开发利用具有重要意义。

一、地表水质量评价

地表水水质按照《地表水环境质量标准》(GB 3838—2002)进行评价；评价方法及成果表述符合《地表水资源质量评价技术规程》(SL 395—2007)及《全国重要江河湖泊水功能区水质达标评价技术方案》的规定；湖库水质按总氮不参评和参评分别进行评价。

(一) 资料来源

水质资料来自枣庄市提供的近 3 年(2016—2018 年)的水功能区监测报告。2018 年枣庄市分别对水功能区水质达标情况、河流长度(水库面积)达标情况进行统计分析。全市涉及评价的水功能区 15 个、控制断面 21 处(由于城河荆桥生活饮用水源区前梁断面全年河干，故本次该断面不参与评价）。22个地表水常规监测断面位置分布见表3.3-1及图3.3-1。

表3.3-1　枣庄市水功能区水质监测站网一览表

编号	水功能区		检测断面	所属河流	河流位置
	一级区名称	二级区名称			
1	界河开发利用区	界河农业用水区	东后屯桥	界河	界河出境处
2	北沙河开发利用区	马河水库工业用水区	马河水库		水库坝前
3	北沙河开发利用区	北沙河农业用水区	田桥	北沙河	北沙河出境处
4	城河开发利用区	户主水库工业用水区	户主水库		水库坝前
5	城河开发利用区	岩马水库工业用水区	岩马水库		水库坝前
6	城河开发利用区	城河荆桥生活饮用水源区	前梁	城河	城河上游 （山亭区—滕州市界）
7	城河开发利用区	城河滕州段排污控制区	幸福坝	城河	城河中段
8	城河开发利用区	城河沙堤过渡区	群乐桥	城河	城河出境处
9	十字河开发利用区	石嘴子水库工业用水区	石嘴子水库		水库坝前
10	十字河开发利用区	十字河枣庄生活饮用水源区	庄里坝	十字河	十字河中段 （山亭区—滕州市界）
11	十字河开发利用区	十字河枣庄生活饮用水源区	五所楼桥	十字河	十字河下游 （滕州市—薛城区界）
12	十字河开发利用区	十字河枣庄生活饮用水源区	洛房桥	十字河	十字河出境处
13	周村水库开发利用区	周村水库生活饮用水源区	周村水库		水库坝前
14	蟠龙河开发利用区	蟠龙河薛城生活饮用水源区	啤酒厂桥	蟠龙河	蟠龙河上游
15	蟠龙河开发利用区	蟠龙河薛城生活饮用水源区	彭口闸	薛城沙河	薛城沙河出境处
16	峄城大沙河开发利用区	峄城大沙河上游生活饮用水源区	务家后	峄城大沙河	峄城大沙河中段 （山亭区—市中区界）
17	峄城大沙河开发利用区	峄城大沙河上游生活饮用水源区	峄州大桥	峄城大沙河	峄城大沙河中段 （市中区—峄城区界）

续表

编号	水功能区		检测断面	所属河流	河流位置
	一级区名称	二级区名称			
18	峄城大沙河开发利用区	峄城大沙河上游生活饮用水源区	天柱山	峄城大沙河	峄城大沙河中段（峄城区—台儿庄区界）
19	峄城大沙河开发利用区	峄城大沙河下游农业用水区	黄口中桥	峄城大沙河	峄城大沙河下游
20	韩庄运河调水水源保护区	韩庄运河保护区	马兰大桥	韩庄运河	运河中游
21	韩庄运河调水水源保护区	韩庄运河保护区	福运码头	韩庄运河	运河出境处
22	陶沟河开发利用区	陶沟河农业用水区	陶沟桥	陶沟河	陶沟河下游

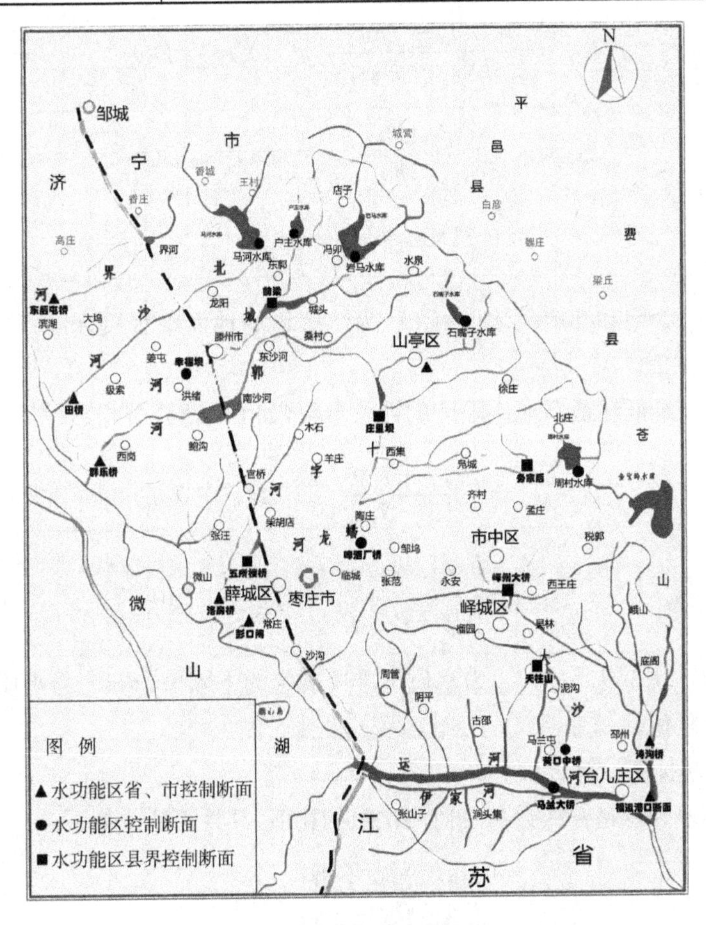

图 3.3-1 枣庄市水功能区监测站网分布图

（二）评价方法

对监测资料采用单指数法进行水质评价，可分为以下三种情况。

（1）污染危害程度随浓度增加而增加的评价参数，分指数按下式计算：

$$I_i = \frac{C_i}{C_{si}} \tag{3.3-1}$$

式中：C_i 为实测浓度值；C_{si} 为该污染物在水生态环境中的允许浓度（标准）值。

（2）污染危害程度随浓度增加而降低的评价参数（如 DO），分指数按下式计算：

$$S_{\mathrm{DO},j} = \frac{|DO_f - DO_j|}{DO_f - DO_s} \qquad DO_j \geqslant DO_s \tag{3.3-2}$$

$$S_{\mathrm{DO},j} = 10 - 9\frac{DO_j}{DO_s} \qquad DO_j < DO_s \tag{3.3-3}$$

$$DO_f = \frac{468}{31.6 + T} \tag{3.3-4}$$

式中：DO_f 为饱和溶解氧浓度；DO_s 为溶解氧的地面水水质标准；DO_j 为溶解氧的监测值。

（3）有最低和最高允许限度的评价参数（如 pH 值），分指数按下式计算：

$$S_{\mathrm{pH},j} = \frac{pH_j - 7.0}{pH_{\mathrm{su}} - 7.0} \qquad pH_j > 7.0 \tag{3.3-5}$$

$$S_{\mathrm{pH},j} = \frac{7.0 - pH_j}{7.0 - pH_{\mathrm{sd}}} \qquad pH_j \leqslant 7.0 \tag{3.3-6}$$

式中：pH_j 为监测值；pH_{sd} 为水质标准中规定的下限值；pH_{su} 为水质标准中规定的上限值。

（4）超标率计算方法

超标率为总超标次数与总监测次数的比值，其计算公式如下：

$$L = \frac{超标数据个数}{总监测数据个数} \times 100\% \tag{3.3-7}$$

（三）评价因子及评价标准

主要评价因子有总磷、高锰酸盐指数、化学需氧量、氨氮。评价标准采用《地表水环境质量标准》(GB 3838—2002)，详见表 3.3-2。

表 3.3-2 地表水环境质量标准基本项目标准限值 单位：mg/L

序号	参数	Ⅰ类	Ⅱ类	Ⅲ类	Ⅳ类	Ⅴ类
1	总磷(以P计)≤	0.02 (湖、库 0.01)	0.1 (湖、库 0.025)	0.2 (湖、库 0.05)	0.3 (湖、库 0.1)	0.4 (湖、库 0.2)
2	高锰酸盐指数≤	2	4	6	10	15
3	化学需氧量(COD)≤	15	15	20	30	40
4	氨氮(NH_3-N)≤	0.15	0.5	1.0	1.5	2.0

（四）地表水现状总体评价

1. 断面水质监测总体评价

根据 2018 年水质监测资料，按照单因子评价方法，21 个断面中符合水功能类别的站位有 16 个，占 76%；不符合水功能类别的站位 5 个，占 24%。Ⅱ类水质断面 3 个，占总断面数的 14%；Ⅲ类水质断面 12 个，占总断面数的 57%；Ⅳ类水质断面 6 个，占总断面数的 29%；无Ⅴ类水质断面。2018 年枣庄市现状水质评价结果及断面水质类别见表 3.3-3、图 3.3-2，可见枣庄市现状水质以Ⅲ、Ⅳ类水为主。

表 3.3-3 枣庄市水功能区 2018 年年均水质监测评价表

序号	水功能区名称	河流(水库)名称	监测断面	水质目标	现状水质	是否达标	主要超标污染物及超标倍数	备注
1	界河农业用水区	界河	东后屯桥	Ⅲ	Ⅱ	达标		市界
2	马河水库工业用水区	马河水库	马河水库	Ⅲ	Ⅲ	达标		
3	北沙河农业用水区	北沙河	田桥	Ⅲ	Ⅳ	不达标	BOD_5(0.07) 氨氮(0.06) 总磷(0.05)	市界

续表

序号	水功能区名称	河流(水库)名称	监测断面	水质目标	现状水质	是否达标	主要超标污染物及超标倍数	备注
4	户主水库工业用水区	户主水库	户主水库	Ⅲ	Ⅳ	不达标	高锰酸盐指数(0.12) COD(0.32) BOD_5(0.21) 总磷(0.40)	
5	岩马水库工业用水区	岩马水库	岩马水库	Ⅲ	Ⅱ	达标		
6	城河荆桥生活饮用水源区	城河	前梁	Ⅲ	河干	—		区界
7	城河滕州段排污控制区	城河	幸福坝	Ⅳ	Ⅳ	达标	高锰酸盐指数(0.17) COD(0.37) BOD_5(0.43) 氨氮(0.09)	
8	城河沙堤过渡区	城河	群乐桥	Ⅲ	Ⅳ	不达标	高锰酸盐指数(0.17) COD(0.32) BOD_5(0.43) 氟化物(0.40)	市界
9	石嘴子水库工业用水区	石嘴子水库	石嘴子水库	Ⅲ	Ⅲ	达标		
10	十字河枣庄生活饮用水源区	十字河	庄里坝	Ⅲ	Ⅲ	达标		区界
11			五所楼桥					区界
12			洛房桥				BOD_5(0.01)	市界
13	周村水库生活饮用水源区	周村水库	周村水库(放水洞)	Ⅲ	Ⅱ	达标		
14	蟠龙河薛城生活饮用水源区	蟠龙河	啤酒厂桥	Ⅲ	Ⅳ	不达标	COD(0.08) BOD_5(0.34) 氨氮(1.7)	
15			彭口闸					市界
16	峄城大沙河上游生活饮用水源区	峄城大沙河	务家后	Ⅲ	Ⅲ	达标		区界
17			峄州大桥				BOD_5(0.06) 氨氮(0.54)	区界
18			天柱山				COD(0.02) BOD_5(0.18) 氨氮(0.06)	区界

续表

序号	水功能区名称	河流(水库)名称	监测断面	水质目标	现状水质	是否达标	主要超标污染物及超标倍数	备注
19	峄城大沙河下游农业用水区	峄城大沙河	黄口中桥	Ⅲ	Ⅲ	达标		
20	韩庄运河保护区	韩庄运河	马兰大桥	Ⅲ	Ⅲ	达标		
21			福运码头					省界
22	陶沟河农业用水区	陶沟河	陶沟桥	Ⅲ	Ⅲ	达标		

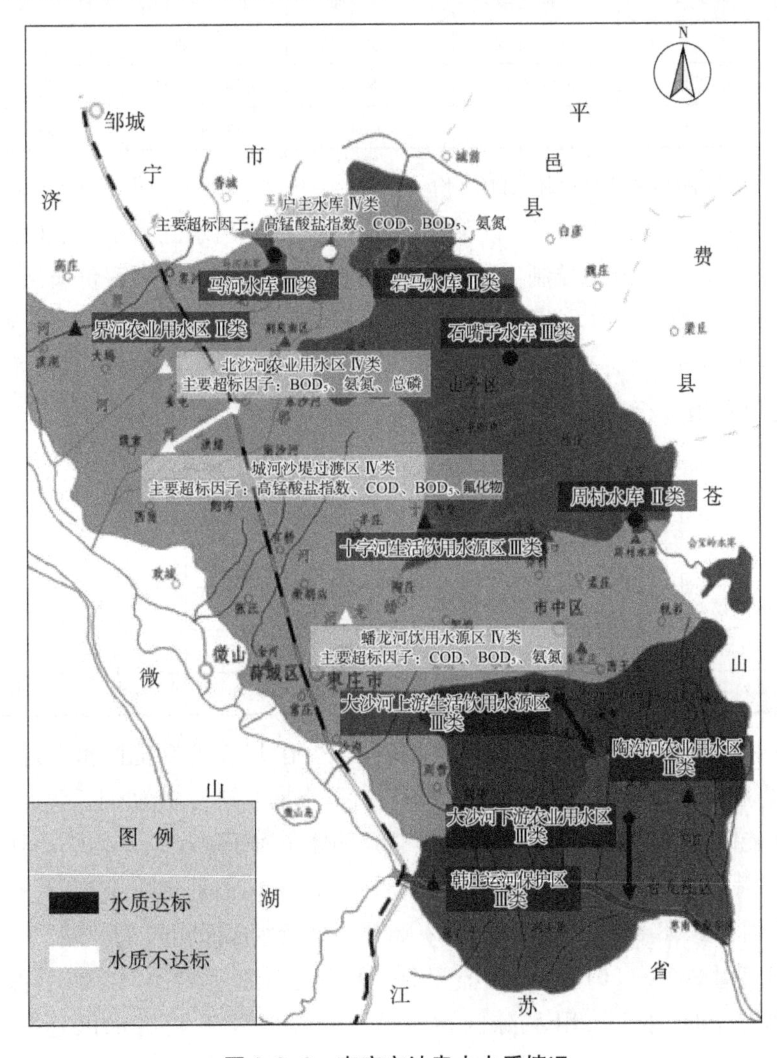

图 3.3-2　枣庄市地表水水质情况

另外，根据枣庄市提供的2020年国控断面水质目标清单，7个国控断面水质均达到目标要求，详见表3.3-4。

表3.3-4　枣庄市2020年国控断面水质情况表

序号	区(市)	所属流域	所在水体	断面名称	2020年水质现状
1	台儿庄区	淮河流域	韩庄运河（京杭运河）	台儿庄大桥	Ⅲ类
2	滕州市	淮河流域	城郭河	群乐桥	Ⅲ类
3	滕州市	淮河流域	北沙河	王晁桥	Ⅲ类
4	薛城区	淮河流域	薛城沙河	十字河大桥	Ⅲ类
5	峄城区	淮河流域	峄城大沙河	贾庄闸	Ⅲ类
6	峄城区	淮河流域	新薛河	新薛河入湖口	Ⅲ类
7	山亭区	淮河流域	城河	岩马水库(坝上)	Ⅲ类

2. 水功能区水质监测总体评价

枣庄市共有保护区1个、饮用水源区4个、工业用水区4个、农业用水区4个、过渡区1个、排污控制区1个。根据全年平均水质监测评价概况，在评价的15个水功能区中，水质符合Ⅰ类标准的有0个；水质符合Ⅱ类标准的有3个，占比为20.0%；水质符合Ⅲ类标准的有7个，占比为46.7%；水质符合Ⅳ类标准的有5个，占比为33.3%，详见表3.3-5。

表3.3-5　枣庄市水功能区水质总体状况表

	水质类别					合计
	Ⅰ	Ⅱ	Ⅲ	Ⅳ	Ⅴ	
功能区个数	0	3	7	5	0	15
河流长度(km)	0.0	45.5	198.1	97.5	0	341.1
水库面积(km^2)	0.0	21.2	15.0	2.6	0.0	38.8

2018年全市监测评价的15个水功能区中，有10个水功能区水质达标(指达到《枣庄市水功能区划》中规定的水质目标，下同)，达标率为66.7%；不达标的水功能区主要位于北沙河、城河(滕州市)和蟠龙河(薛城区)流域内，不达标率为33.3%。评价河长341.1 km，达标河长243.6 km，占评价河长的71.4%；评价水库面积38.8 km^2，达标面积36.2 km^2，占评价水库面积的93.3%。

通过对2016—2018年全年监测资料的平均值达标评价可以看出：保护区达标率为100.0%，饮用水源区达标率为67.0%，工业用水区达标率为

92.0%,农业用水区达标率为 58.3%,过渡区达标率为 0.0%,排污控制区达标率为 100.0%。具体见图 3.3-3。

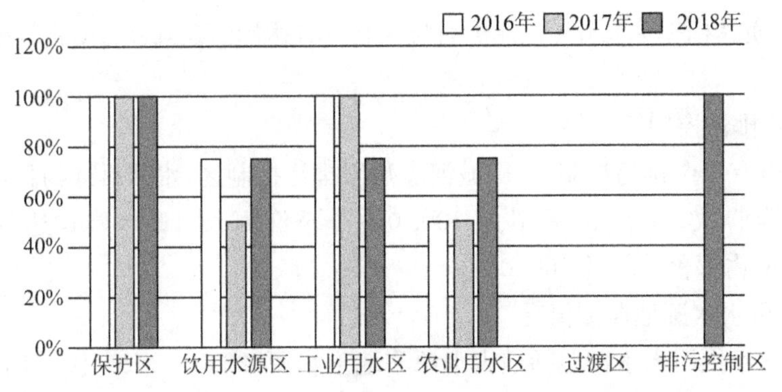

图 3.3-3 2016—2018 年枣庄市各类水功能区水质达标情况

(1) 保护区

全市有 1 个保护区,为韩庄运河保护区,水质目标为Ⅲ类。现状水质为Ⅲ类,水质达标率为 100.0%。评价河长 40.0 km,达标河长 40.0 km,占评价河长的 100.0%。

(2) 饮用水源区

全市共有 4 个饮用水源区,分别为十字河枣庄生活饮用水源区、周村水库生活饮用水源区、蟠龙河薛城生活饮用水源区和峄城大沙河上游生活饮用水源区,水质目标均为Ⅲ类。现状蟠龙河薛城生活饮用水源区水质不达标,达标率为 75.0%。评价河长 162.1 km,达标河长 116.1 km,占评价河长的 71.6%;评价水库面积 6.4 km^2,达标水库面积 6.4 km^2,占评价面积的 100.0%。

(3) 工业用水区

全市共有 4 个工业用水区,分别为马河水库工业用水区、户主水库工业用水区、岩马水库工业用水区和石嘴子水库工业用水区,水质目标均为Ⅲ类。现状户主水库工业用水区水质不达标,总体达标率为 75.0%。评价水库面积 32.4 km^2,达标水库面积 29.8 km^2,占评价面积的 92.0%。

(4) 农业用水区

全市共有 4 个农业用水区,分别为界河农业用水区、北沙河农业用水区、峄城大沙河下游农业用水区和陶沟河农业用水区,水质目标均为Ⅲ类。现状北沙河农业用水区水质不达标,因此全市农业用水区达标率为 75.0%。评价河长 103.5 km,达标河长 68.0 km,占评价河长的 65.7%。

(5) 过渡区

全市有 1 个过渡区,即城河沙堤过渡区,水质目标为Ⅲ类。现状水质为劣Ⅴ类,水质达标率为 0.0%。评价河长 4.0 km,达标河长 0.0 km,占评价河长的 0.0%。

(6) 排污控制区

全市有 1 个排污控制区,即城河滕州段排污控制区,水质目标为Ⅳ类。现状水质为Ⅳ类,水质达标率为 100.0%。评价河长 12.0 km,达标河长 12.0 km,占评价河长的 100.0%。

3. 供水水源地监测情况

枣庄市饮用水水源包括地表水源和地下水源,2015—2020 年枣庄市监测了 8 处供水水源地,包括地表水水源地 1 处,地下水水源地 7 处。其中市中区 2 处,滕州市 2 处,山亭区 1 处,台儿庄区 1 处,峄城区 1 处,薛城区 1 处,详见图 3.3-4。

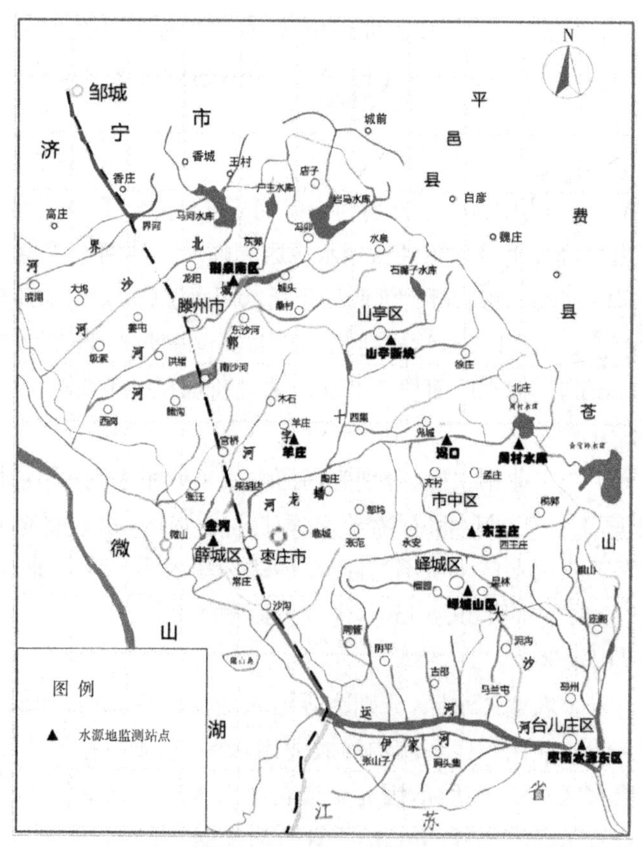

图 3.3-4　枣庄市供水水源地监测站网分布图

2015—2020 年山东省枣庄生态环境监测中心水对枣庄市 8 处供水水源地进行水质监测。地表水水源地监测项目为《地表水环境质量标准》(GB 3838—2002)中基本项目中的 23 项,以及集中式生活饮用水地表水源地 5 项补充项目,包括硫酸盐、氯化物、硝酸盐氮、铁和锰,共 28 项指标。总体来看,近 5 年 8 处饮用水水源地 63%以上达到Ⅲ类水质标准,除了丁庄水源地、金河水源地和三里庄水源地水质有小幅波动。丁庄水源地 2020 年监测结果表明总硬度、硫酸盐因地质原因超标。其他水源地总体状况良好,除总氮超标外,其余监测指标均达标。

(五) 地表水环境质量趋势分析

根据枣庄市 21 个地表水常规监测断面近 3 年来水质例行监测资料,选取 3 年间饮用水源区、工业用水区、农业用水区中 6 个共同地表水常规监测断面,分别来自枣庄市北部、中部、南部,以及 4 个主要评价因子(高锰酸盐指数、COD、氨氮、总磷)进行分析,见图 3.3-5 至图 3.3-8。

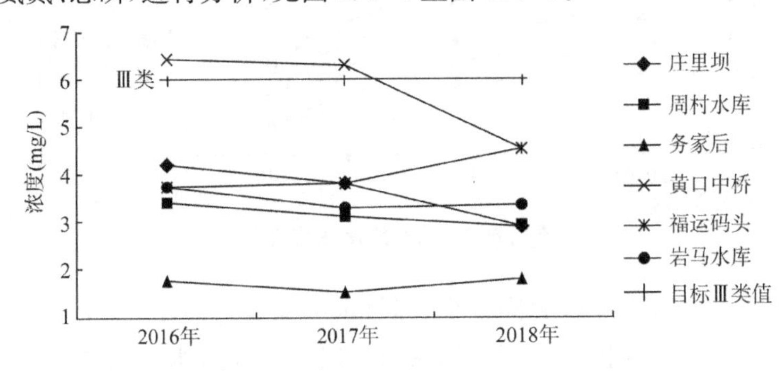

图 3.3-5 高锰酸盐指数浓度变化趋势

近三年饮用水水源区的庄里坝、周村水库和务家后断面,工业用水区的岩马水库断面以及保护区的福运码头断面的高锰酸盐指数浓度满足水质标准,福运码头断面 2018 年浓度有略微上升,农业用水区的黄口中桥断面 2016—2017 年浓度超出目标值,2018 年有所下降且满足目标值。

近三年饮用水水源区的庄里坝、周村水库和务家后断面,工业用水区的岩马水库断面以及保护区的福运码头断面的 COD 浓度满足水质标准,且近三年保持在目标值 20 mg/L 以下,福运码头断面 2018 年浓度有略微上升,农业用水区的黄口中桥断面 2016—2017 年浓度超出目标值较多,2018 年大幅下降至目标值。

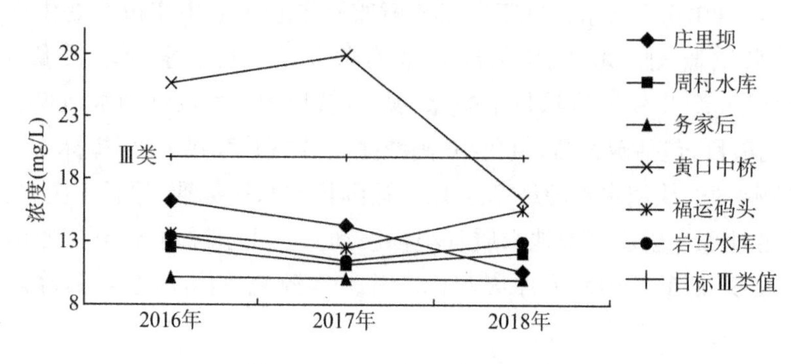

图 3.3-6 COD 浓度变化趋势

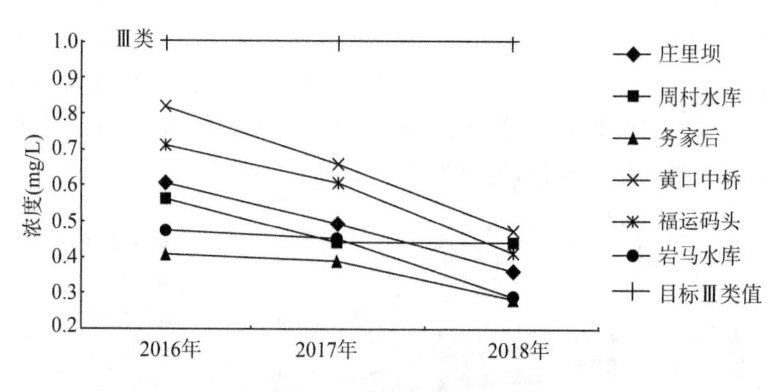

图 3.3-7 氨氮浓度变化趋势

近三年饮用水水源区的庄里坝、周村水库和务家后断面，工业用水区的岩马水库断面以及保护区的福运码头断面以及农业用水区的黄口中桥断面的氨氮浓度近年都满足水质标准，且保持在目标值 1 mg/L 以下，除周村水库氨氮浓度 2017—2018 年维持稳定，其他断面近三年浓度下降明显。

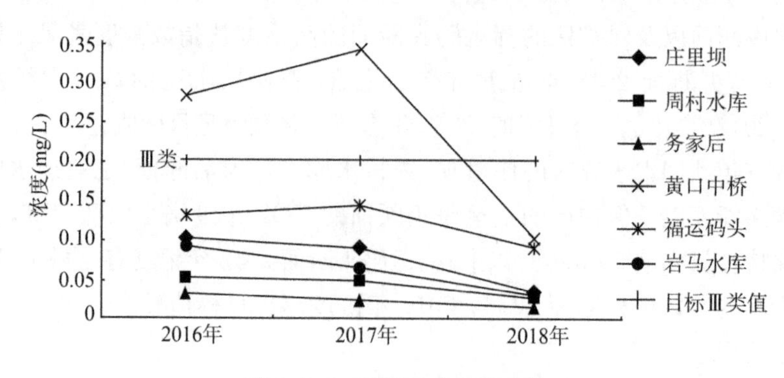

图 3.3-8 总磷浓度变化趋势

近三年饮用水水源区的庄里坝、周村水库和务家后断面，工业用水区的岩马水库断面以及保护区的福运码头断面的总磷浓度满足水质标准且均保持稳中有降趋势，农业用水区的黄口中桥断面2016—2017年总磷浓度超出目标值，2018年有所下降且满足目标值。

综合图3.3-5至图3.3-8来看，枣庄市选取的6个地表水监测断面水质变化趋势向好，除农业用水区的黄口中桥断面在2016—2017年超出水质目标值，其余断面监测总体均在目标范围内。其中，COD、氨氮、总磷浓度下降幅度较大。监测结果表明，枣庄市地表水质量稳步提升，年均值均达标，各水功能区COD、氨氮和总磷浓度基本得到控制，确保了南水北调东线工程水质安全。

二、重点饮用水水源地地下水质量评价

地下水质量是指地下水的物理、化学和生物性质的总称。本次地下水质量评价内容包括地下水监测基本情况、地下水质量变化趋势分析。

（一）地下水监测基本情况

枣庄市未设立专用的地下水水质监测井，对地下水生态环境质量的监测是依托市辖五区一市的饮用水水源地泵房的机井。监测资料来源于《2019年枣庄市环境质量公报》。地下水饮用水水源地基本信息见表3.3-6、图3.3-9。

表3.3-6 枣庄市各水源地基本信息表

序号	水源地名称	所属乡镇	所在村
1	丁庄水源地	市中区西王庄镇	丁庄
2	金河水源地	薛城区常庄镇	金河
3	三里庄水源地	峄城区吴林街道	三里庄
4	张庄水源地	台儿庄区张子山镇	张庄
5	小龚庄水源地	台儿庄区马兰屯镇	小龚庄
6	东南庄水源地	山亭区山城街道	东南庄
7	荆泉水源地	滕州市北辛街道	后荆沟
8	羊庄水源地	滕州市羊庄镇	羊东

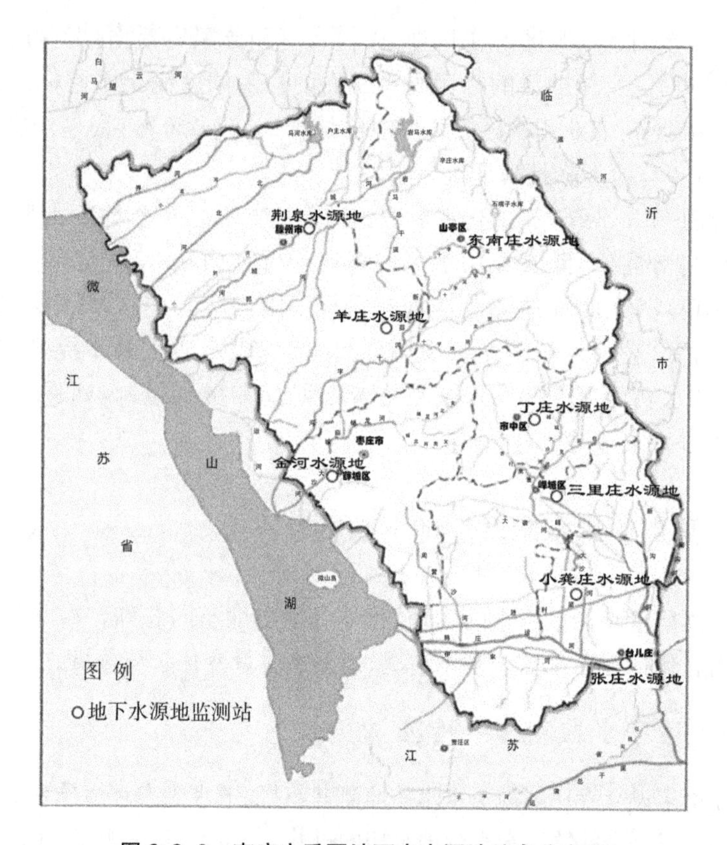

图 3.3-9　枣庄市重要地下水水源地站点分布图

评价标准采用《地下水质量标准》(GB/T 14848—2017)中Ⅲ类标准。根据枣庄市提供的资料,2019 年对市中区的丁庄水源地水质每月监测 1 次,其余水源地水质枯水期、丰水期各监测 1 次。监测项目有 pH 值、总硬度、高锰酸盐指数、氨氮、硝酸盐氮、亚硝酸盐氮、硫酸盐、氯化物、六价铬、总大肠菌群、阴离子表面活性剂等,共计 39 项。对地下水 2019 年监测结果按照相关技术要求进行统计和评价,结果见表 3.3-7、表 3.3-8。

表 3.3-7　2019 年枣庄市地下饮用水源水质项目达标率情况

水源地名称	达标率(%)	超标项目(超标率)
丁庄水源地	91.7	总硬度(100%)、硫酸盐(100%)、溶解性总固体(20%)
金河水源地	97.4	总硬度(100%)
三里庄水源地	97.4	总硬度(100%)

续表

水源地名称	达标率(%)	超标项目(超标率)
张庄水源地	98.7	总硬度(50%)
小龚庄水源地	100	—
东南庄水源地	100	—
荆泉水源地	100	—
羊庄水源地	100	—
全市统计	94.0	

表 3.3-8 2019 年枣庄市地下饮用水水源地地下水质量综合评价

序号	行政区	监测点位置	未达Ⅲ类水质项目	水质类别
1	市中区	丁庄水源地	总硬度、硫酸盐、溶解性总固体	Ⅴ类
2	薛城区	金河水源地	总硬度	Ⅳ类
3	峄城区	三里庄水源地	总硬度	Ⅳ类
4	台儿庄区	张庄水源地	总硬度	Ⅳ类
5		小龚庄水源地	—	Ⅲ类
6	山亭区	东南庄水源地	—	Ⅲ类
7	滕州市	荆泉水源地	—	Ⅲ类
8		羊庄水源地	—	Ⅲ类

由上表可以看出，2019 年全市 8 个地下水饮用水水源地水质按照单次监测统计，达到Ⅲ类水质标准的达标率平均值为 94.0%，表明在 39 项监测指标中，除丁庄水源地的总硬度、硫酸盐、溶解性总固体超标；金河水源地、三里庄水源地、张庄水源地的总硬度有部分月份超标外，2019 年全市地下水饮用水水源地水质总体状况良好。总体来看，台儿庄区、山亭区和滕州市地下水水质满足《地下水质量标准》(GB/T 14848—2017)中Ⅲ类标准。

从全市地下水监测结果可知：超标项目是总硬度、硫酸盐。经分析，总硬度和硫酸盐监测指标超标是由地质构造所致的。

(二) 地下水质量变化趋势分析

从表 3.3-9 可以看出，枣庄市 2019 年地下水变化趋势为：金河水源地、张庄水源地水质相对稳定，水质类别和限制性指标与上年度一致，主要影响指标为总硬度。丁庄水源地水质类别与 2018 年度一致，超标项目由 2018 年度

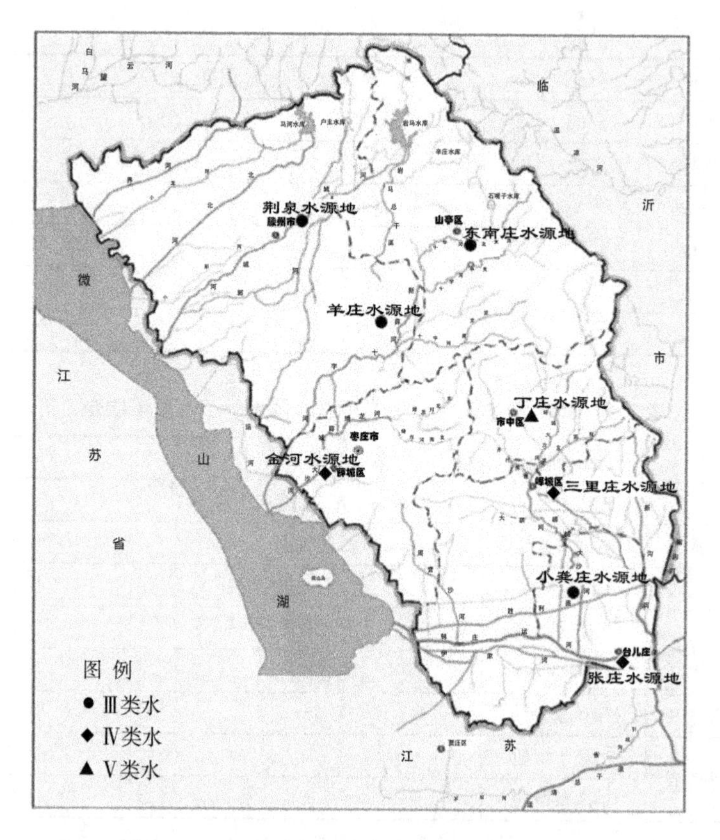

图 3.3-10　2019 年枣庄市各区(市)地下水水质

的总硬度、硫酸盐增加为 2019 年度的总硬度、硫酸盐、溶解性总固体,其中溶解性总固体为 2019 年度监测计划新增加项目。三里庄水源地水质类别由 2018 年的Ⅴ类提高至 2019 年的Ⅳ类,水质有明显改善。其余水源地均保持Ⅲ类达标状态。2019 年枣庄市地下水水质情况见图 3.3-10。

表 3.3-9　枣庄市地下水质量变化趋势

行政区	监测点位名称	限制性指标		水质类别	
		2018 年	2019 年	2018 年	2019 年
市中区	丁庄水源地	总硬度、硫酸盐	总硬度、硫酸盐、溶解性总固体	Ⅴ类	Ⅴ类
薛城区	金河水源地	总硬度	总硬度	Ⅳ类	Ⅳ类
峄城区	三里庄水源地	总硬度	总硬度	Ⅴ类	Ⅳ类

续表

行政区	监测点位名称	限制性指标		水质类别	
		2018年	2019年	2018年	2019年
台儿庄区	张庄水源地	总硬度	总硬度	Ⅳ类	Ⅳ类
	小龚庄水源地	—	—	—	Ⅲ类
山亭区	东南庄水源地	—	—	Ⅲ类	Ⅲ类
滕州市	荆泉水源地	—	—	Ⅲ类	Ⅲ类
	羊庄水源地	—	—	Ⅲ类	Ⅲ类

第四节　存在的主要问题

1. 水资源禀赋与经济布局匹配性差

受气候和地形影响，枣庄市降水比较充沛，但年际变化大，年内分配不均匀，地区分布也有很大差异。全市多年平均(1956—2016年系列)降水量为803.5 mm，最大年降水量为1 231.3 mm(2003年)，最小年降水量为493.2 mm(1988年)。降水主要集中在汛期(6—9月)，且又集中于七、八两个月或几场暴雨。大中型水库等拦蓄工程集中在东北部山丘区，水资源相对丰富；平原区拦蓄工程相对较少，但用水量大，致使水资源量不足。枣庄市大致可分为两个片区：一是薛城区、市中区和滕州市等城市化率、人均经济总量、人均用水量均相对较高，片区人均水资源占有量相对偏少，且城区、工业园区尤其少；二是峄城区、山亭区和台儿庄区等城市化率低，人均经济总量低，人均用水量也低，人均水资源占有量相对较多。受区域自然环境、经济布局、经济结构的限制，水资源禀赋与经济布局不匹配的问题呈现越来越严重的趋势，近期很难有较大调整。

2. 供水结构不尽合理

一是地下水利用率偏高，地表水开发利用率偏低。枣庄市地下水资源相对丰沛，埋深较浅，开采成本低。全市多年平均地下水可开采量为6.13亿 m^3，近几年地下水开采量在4亿 m^3 左右，约占总用水量的65%，个别区(市)占比超过80%，无较大开采潜力。全市6座大中型水库兴利水量3.05亿 m^3，占地表水资源量的27.3%，特别是丰水年弃水量大。同时，水库多建于山地丘陵区，距城区和工业园区较远，供水成本高，致使地表水资源未得到高效利用。

二是境外水源利用率低。枣庄市南水北调东线一期工程实际用水量为2 376万m^3/a，占南水北调指标(9 000万m^3/a)的26.4%，利用率低。现状南四湖下级湖灌溉和生态取水指标为1.5亿m^3，灌区种植结构多元化，导致作物需水不一致，难以进行统一引水灌溉，造成用水指标闲置。

三是再生水回用率低。据统计，2020年枣庄市污水处理总量10 836万m^3，再生水回用量为4 404万m^3，利用率为40.6%，再生水主要用于河道生态和城市景观用水，而工业回用量较少，其主要原因是回用管网设施不足，未达到《山东省关于加强污水处理回用工作的意见》要求的电力行业50%和化工园区20%的再生水回用比例。

3. 水源地保护工作亟待加强

枣庄市现有岩马、马河、庄里3座大型水库和周村、户主、石嘴子3座中型水库，除周村水库有城市供水任务被划为饮用水水源地外，其余水库水质优良，但均未被划为饮用水水源地而加以保护。丁庄、金河、三里庄、张庄、小龚庄、东南庄、荆泉和羊庄等8处地下水水源地，因地质构造复杂，补排规律和影响因素不清，保护难度较大。

4. 水利工程投资渠道单一

由于水利工程公益性强，投资规模大，回报周期长，经营收益低，融资能力有限，过多依靠财政预算投入，社会资本参与积极性不高。

5. 水资源管理工作有待加强

水资源现代化治理体系和治理能力有待提升，水资源集约安全利用水平不高，距最严格的水资源管理制度的“三条红线”，即水资源开发利用控制红线、用水效率控制红线和水功能区限制纳污红线，存在一定的差距。

第四章

水资源承载力分析

本章节通过对枣庄市的水资源承载力进行评价，掌握该地区水资源承载状况，找到制约水资源可持续发展的影响因素，为该地区有限水资源的规划管理与合理利用提供理论基础，为枣庄市区域发展规划等提供科学依据，使有限的水资源能得到更好、更有效的利用，达到地区可持续发展的目标。基于可持续发展理论，构建枣庄市水资源承载力的指标评价体系及评价模型。分析研究枣庄市水资源承载力，有利于厘清枣庄市水资源承载力的内涵，对枣庄市水资源承载力理论进行进一步补充。

第一节　水资源承载力评价

一、水资源承载力的概念

承载力(Carrying Capacity)是一个起源于古希腊时代的古老概念，具有悠久的历史。但在长期的发展过程中，承载力从来没有摆脱模糊性和不确定性，使其始终作为一个概念或应用性结果存在，而没有发展起自己的理论体系。承载力的思想萌芽于古希腊的亚里士多德时代，1798 年马尔萨斯(Malthus)发表的《人口论》提出食物线性增长速度不及人口的指数增长速度，饥荒和战争会抑制人口数量；1838 年弗赫斯特(Verhulst)基于此理论提出了对数增长方程，用容纳能力反映食物的约束对人口增长的限制作用，被认为是如今承载力定量研究的起源。

随着资源短缺与人类社会发展之间矛盾的不断加剧，承载力的概念有了进一步发展。20世纪70年代开始，联合国粮食及农业组织(FAO)、联合国教科文组织(UNESCO)、经济合作与发展组织(OCED)开展了一系列承载力项目研究，包括土地资源承载力、水资源承载力、森林资源承载力以及矿产资源承载力等，共同提出了"资源承载力"的概念，并已被广泛采用，其定义为：在可预见的时期内，利用本地资源及其他自然资源和智力、技术等条件，在保护符合其社会文化准则的物质生活水平下所持续供养的人口数量。资源承载力主要是探讨人口与资源的关系，研究较早且比较充分的是土地资源承载力。经过几十年的发展，承载力概念已涉及许多资源领域。

区域水资源承载力(Regional Water Resources Carrying Capacity)的理论研究，是继土地资源承载力之后研究比较多的一部分。国际上单项研究的成果较少，大多将其纳入可持续发展理论中，如从供水角度对城市水资源承载力进行相关研究，并将其纳入城市发展规划中；Rijiberman等在研究城市水资源评价和管理体系中将承载力作为城市水资源安全保障的衡量标准；Harrs将水资源可利用量作为影响农作物产量的一个因素，研究了基于逻辑增长方程的农业承载力的上限。

国内关于承载力的研究起步较晚，对水资源承载力的探索始于西北干旱地区水资源的研究。20世纪80年代末，新疆水资源软科学课题研究组首次对新疆的水资源承载力和开发战略进行了研究，并明确提出了水资源承载力的概念。但迄今为止水资源承载力研究仍然没有形成一个科学、系统的理论体系，即便是关于水资源承载力的定义，国内外也没有统一的认识，许多学者都提出了自己的观点。目前，对水资源承载力的定义有很多种，大都强调了"水资源的最大开发规模"或者"水资源对经济社会发展的支撑能力"。我国著名学者施雅风在20世纪90年代初研究西北干旱地区水资源对生态环境与社会经济系统的瓶颈制约作用时提出了"水资源承载力"，定义其为某一地区的水资源，在一定社会和科学技术发展阶段，在不破坏社会和生态系统时，最大可承载的农业、工业、城市规模和人口的水平。刘佳俊等认为区域的水资源承载力是指以水资源健康可持续利用及经济社会可持续发展为原则，以合理开发和配置水资源为目的，在此基础上该地区水资源可以支撑的经济、社会、生态环境协调发展的能力。何晓静结合之前的研究成果，总结界定水资源承载力为一个地区在不同的历史发展阶段，以可持续发展为目标，在满足合理的生态环境用水的基础上，以可预见的经济、社会发展水平及科技水平为依据，本地水资源可支撑的社会经济—人口—生态—环境可持续发展的规模。经过 30 多年的研究，水资源承载力在我国取得了独立的发展，主要包括三种观点：一是水资源支撑人口或经济社会发展的最大规模；二是抽象的能力，表达为水资源对地区社会经济发展的支撑能力；三是水资源开发容量。

前已述及，目前关于水资源承载力的定义多种多样，并无明确统一的定义，但其本质基本一致。水资源承载力的定义应反映以下几个方面的内容：

(1) 水资源承载力的研究是在可持续发展的框架下进行的，要保证社会经济的可持续发展，从水资源的角度讲，就是首先保证生态环境的良性循环，实现水资源的可持续开发利用；从水资源社会经济系统各子系统之间的关系角度讲，就是水资源、社会、经济、生态环境各子系统之间应协调发展。

(2) 水资源可持续开发利用模式和途径与传统的水资源开发利用方式有着本质的区别。传统的水资源开发利用方式是经济增长模式下的产物，而可持续开发利用的目标是要满足人类世世代代用水需要，是在保护生态环境的同时，促进经济增长和社会繁荣，而不是单纯追求经济效益。

(3) 水资源承载力研究都是针对具体的区域或流域进行的，因此区域水资源系统的组成、结构及特点对承载力有很大的影响；区域水资源承载力的大小不仅与区域水资源有关，还与所承载的社会经济系统的组成、结构、规模有关。

(4) 水资源的开发利用及社会经济发展水平受历史条件的限制，对区域水资源承载力的研究都是在一定的发展阶段进行的。也就是说，在“不同的时间尺度”上，区域水资源和所承载的系统的外延和内涵都会有不同的发展。

(5) 水资源承载力是水资源在社会经济及生态环境各部门进行合理配置和有效利用的前提下，区域水资源所承载的社会经济规模。

据此，水资源承载力可以定义为：在某一发展阶段，以可预见的技术和社会经济发展水平为依据，以可持续发展为原则，以维持生态环境良性循环为条件，在水资源得到合理开发利用和有效配置的前提下，区域水资源所支撑的社会经济规模。它是反映区域水资源与社会经济、生态环境之间是否协调的重要指标，也是区域水资源系统的支撑能力与承载压力的重要体现。

二、水资源承载力的内涵

1. 社会经济内涵

水资源承载力的社会经济内涵主要体现在人类开发水资源的经济技术能力、社会各行业的用水水平、社会对水资源优化配置以及社会用水结构等方面。水资源的优化配置本身就是一种典型的社会经济活动行为。水资源承载力最终表现为“社会与经济规模”。人类是社会的主体，人及其所处的社会体系是水资源承载的对象，水资源承载力的大小是通过人口以及所对应的社会经济水平和生活水平共同体现出来的。因此，可以借助调整产业结构和提高经济技术水平等经济社会手段来进一步提高水资源承载力。

2. 时空内涵

水资源承载力具有明显的时序性和空间性。从时间角度讲，不同的时间尺度，不同的时期，社会经济发展水平不同，开发利用水资源的能力不同，水资源的外延和内涵都会有不同的发展，从而相同水资源量的利用效率不同，单位水资源量的承载力亦不同。从空间角度讲，即使在同一时期，在不同的研究区域，由于其资源禀赋、经济基础、技术水平等方面的不同，相同的水资源量所能承载的人口、社会经济发展规模也必定不同。如安徽淮北平原某区域与江淮丘陵某区域具有相同的水资源量，由于淮北平原的水资源由地表水和地下水构成，而江淮丘陵水资源仅表现为地表水，故两区域的水资源可利用量是不同的。因此，两区域所能支撑的最大社会经济规模和人口规模也是不同的。

3. 持续内涵

可持续发展是水资源承载力研究的指导思想。区域水资源承载力的前提条件是“维持生态环境的良性循环”，对社会的支持方式是“持续供养”，这充分体现了区域水资源承载力的持续内涵。水资源承载力的持续内涵包括两个方面的含义：其一，水资源的开发利用方式是可持续性的开发利用，它不是单纯追求经济增长，而是在保护生态环境的同时，促进经济增长和社会繁荣，保证人口、资源、环境与经济的协调发展，水资源的可持续性利用不是掠夺性地开发利用水资源，威胁子孙后代的发展能力，而是在保护后代具有同等发展权利的条件下，合理地开发、利用水资源；其二，持续内涵还表现在水资源承载力的增强是持续的，即无论以何种方式进行水资源承载力增强过程的操作，但随着社会的持续发展，水资源承载力的增强总是持续的。

总之，水资源承载力将定性和定量地反映一个地区水的数量、质量，不同时段、不同空间的供需协调的综合能力，同时反映社会可持续发展在水利行业的具体表现，即水资源可持续利用的代内和代际公平的基本思想，反映人口、资源、社会经济和生态环境的复合系统特点。水资源承载力是对流域人口、资源、社会经济和生态环境总体上协调发展的支撑能力。

三、水资源承载力的特征

水资源社会经济系统是一个开放的系统，它与外界不断地进行着物质、能量、信息的交换。同时，在其内部也始终存在着物质、能量的流动，随着人类科学技术的发展，人类社会经济活动的规模与强度明显加大，水资源系统与外界及水资源系统内部的物质、能量、信息的流动会更加强烈，水资源承载力具有以下几个特性。

（1）客观性

区域水资源系统是一个开放的系统，它通过与外界交换物质、能量、信息，保持着其结构和功能相对稳定性，即在一定时期内，区域水资源系统在结构、功能方面不会发生质的变化。水资源承载力是水资源系统结构特征的反映，在水资源系统不发生本质变化的前提下，其在质和量这两种规定性方面是可以把握的。

（2）被承载模式的多样性

被承载模式的多样性也就是社会发展模式的多样性。人类消费结构不是固定不变的，而是随着生产力的发展变化的，尤其是在现代社会中，国与国、地区与地区之间的经贸关系弥补了一个地区生产能力的不足，使得一个地区可以不必完全靠自己的生产能力生产自己的消费产品，它可以大力生产农产品去换取自己必需的工业产品，也可以生产工业产品去换取农业产品，因此社会发展模式不是唯一的。如何确定利用有限的水资源支持适合地区条件的社会发展模式，则是水资源承载能力研究不可回避的决策问题。

（3）动态性

水资源承载力的变动性主要是由于系统结构发生变化而引起的。水资源系统结构变化与系统自身的运动有关，更主要的是与人类所施加的作用有关。水资源系统在结构上的变化，反映到承载力上，就是水资源承载力在质和量这两种规定上的变动。水资源承载力在质的规定性上的变动表现为承载力指标体系的改变，在量的规定性上的变动表现为水资源承载力指标值大小的改变，如水资源承载力与具体的历史发展阶段有直接的关系，不同的发展阶段有不同的承载力。这体现在两个方面，一是不同的发展阶段人类开发水资源的技术手段不同；二是不同的发展阶段人类利用水资源的技术手段不同，随着节水技术的不断进步，水的重复利用率不断提高，人们利用单位水量所生产的产品数量也逐渐增加。

(4) 有限可控性

水资源承载力具有变动性，这种变动性在一定程度上是可以由人类活动加以控制的。人类在掌握水资源系统运动变化规律以及系统社会经济发展与可持续发展的辩证关系的基础上，根据生产和生活的实际需要，对水资源系统进行有目的的改造，从而使水资源承载力在质和量两方面朝着人类预定的目标变化。但是，人类对水资源系统所施加的作用必须有一定的限度，而不能无限制地奢求。因此，水资源系统的可控性是有限度的。区域水资源承载力是可以增强的，其直接驱动力是人类社会对水资源需求的增加，在这种驱动力的驱使下，人们一方面拓宽水资源利用量的外延，如地下水的开采、雨水集流、海水淡化、污水处理回用等；另一方面利用水资源使用内涵的不断添加和丰富，增强了水资源承载力，如用水结构的调整和水资源的重复利用等。需水量零增长就是在区域水资源量不增加的情况下，水资源承载力增强的体现。

(5) 模糊性和相对极限性

由于系统的复杂性和不确定因素的客观存在，以及人类认识的局限性，水资源承载能力在具体的承载指标上存在着一定的模糊性。相对极限性是指在某一具体历史发展阶段水资源承载能力具有最大和最高的特性，即可能的最大承载上限，这主要是因为自然条件和社会因素的约束，包括区域资源条件的约束、社会经济技术水平的约束和生态环境的约束。

水资源承载力的客观性说明水资源承载力是可以认识的，动态性说明了事物总是处于不断发展变化之中，有限可控性体现了水资源承载力与人的关系，相对极限性和模糊性则反映了相对真理和绝对真理的辩证统一关系，而被承载模式的多样性则决定了水资源承载力研究是一个复杂的决策问题。

第二节　水资源承载力评价

通过前文对枣庄市水资源现状的分析，可以认识到，枣庄市水资源面临一定的问题，这就需要对其承载力进行分析研究，找出其发展短板。另外也可得知，很多因素会影响一个地区的水资源，因此枣庄市水资源承载力系统是一个受多因素影响的复杂系统。本节先对水资源承载力系统进行划分，在此基础上，构建枣庄市水资源承载力评价指标体系及适合的实证模型。

一、水资源承载力子系统

1. 水环境系统

水资源承载力的主要内容即水环境系统，它是一个地区社会经济发展的物质基础，是实现社会经济发展的保证，是社会经济发展和生态保护的载体，对社会、经济及生态环境系统起支撑作用。相应的，水环境子系统是本次评价体系的核心，这个维度最重要的两大因素是水资源量和水资源开发利用状况。水资源量折射出该地区有多少水资源可被经济社会所利用，是最基础的承载能力，可以用人均水资源量和产水模数两个指标来表示。水资源开发利用状况可以反映出区域的取水能力和水利发展水平，也较强地体现出区域的水资源承载力，它可以用水资源开发利用率来表示。

2. 社会系统

社会经济的发展需要水资源提供支撑，反之，高质量的社会经济发展也能够促进水资源的合理开发与高效利用。因而，社会维度的子因素也会影响一个地区的水资源承载力。人口是社会系统中最主要的因素，是水资源的消耗者，适宜的人口数量、宽松的人口密度及较高的人口素质不仅可以促进经济社会的发展，还会促使水资源的可持续利用和发展，反之则会制约其发展，给资源环境造成较大压力。而且，人对水资源的开发、利用和管理也是影响水资源承载力的重要因素，因此，社会层面的影响因素主要包括人口相关的指标，人口密度可以从静态反映一个地区的人口疏密程度及用水程度的大小，人口自然增长率则可以从动态描述地区人口的增长趋势，人均生活用水量则反映了地区人口生活对用水的直接需求。

3. 经济系统

经济发展对于一个地区的水资源承载力来说也是至关重要的。一方面，地区经济发展可以为水资源的合理利用与开发提供保障与支持；另一方面，经济发展也与地区水资源承载力相互制约。经济维度主要从经济水平及产业结构用水上来选取指标，选取人均 GDP 衡量地区经济状况；选取各个产业用水来衡量各个地区的经济用水水平，比如，以万元工业增加值用水量代表工业用水水平，农业用水率及耕地有效灌溉面积可以体现农业用水水平，而万元 GDP 用水量可以反映整个城市用水的经济效益。

4. 生态系统

生态系统是社会经济发展的基础，也是水资源可持续利用的保障，生态维度与水资源承载之间的关系如下：一方面，生态用水过多会给水资源承载造成一定的压力；另一方面，生态环境子系统也会支撑地区的水资源承载力。因此，生态维度方面的质量、结构、用水及功能也会较大影响地区的水资源承载力。森林及绿地具有涵养水源、水土保持及净化空气的生态功能，所以生态环境指标主要选取绿化覆盖率及人均绿地面积表示，污水集中处理率及废水排放量可以衡量地区的化污及环境治理情况，而生态环境用水率则反映了地区生态用水水平。

二、评价指标体系构建

水资源承载力影响因素是多方面的，主要有水资源的数量、质量及其开发利用程度，生产力水平，消费水平与结构，科学技术，人口与劳动力，其他资源潜力以及其他因素如政策、法规、市场、宗教、传统、心理等，各个因素之间又相互影响。对水资源承载力的评价一方面要遵循水资源承载力的一般要求，另一方面还要充分考虑研究区域水资源及其开发的特点和社会经济发展水平，充分了解水资源承载力各个因素之间的关系。

1. 指标体系构建原则

指标的建立是综合评价的根本条件和理论基础，指标体系构建的成功与否决定了评价效果的真实性和可行性。由于水资源评价指标体系是一个系统性的复杂体系，区域水资源承载力评价体系的结构复杂、层次众多，子系统间既有相互作用，又有相互间的输入和输出，某些元素的改变可能导致整个系统的变化。从理论的角度来看，该体系所包含的评价指标越详细、独立，所得出的结果可能会越准确。但由于在实践过程中受到数据可得性的限制，所以通常选取具有一定代表性的指标来构建指标体系。为了客观、全面、科学地衡量区域水资源承载力，力争指标体系的构建系统性强、覆盖范围广，能很好地测算出一个地区的水资源承载力，在研究和确立指标体系时，应遵循如下指导准则。

(1) 科学性原则：指标体系所涉及的数据真实、来源可靠，符合一定的理论和实际社会生活，能够真实、准确地反映城市的水资源承载水平。指标的选取应充分借鉴国内外已有的研究成果，在总结已有研究成果的基础上，结合小流域实际情况选定水资源承载力的评价指标。

(2) 系统性原则：选择的指标一定要能全面反映区域的概况和特点。其中综合指标最能反映问题，因此水资源承载力评价指标的选取要特别注意对综合性指标的选取，同时应结合小流域具体情况，选出能突出区域水资源承载能力特点的评价指标。

(3) 层次性原则：水资源承载力的评价从区域可持续发展的角度来看，是对整个区域由社会经济系统、水资源系统、生态环境系统组成的复杂大系统的可持续发展水平的评价。指标体系应分层明显，同时确定指标层次，从而很好地防止指标的遗漏。

(4) 可得性原则：评价指标应尽量选取容易得到的、有明确定义和计算方法的指标。对于某些代表性强却不易得到的数据，通常采用其他易得的相关数据进行替代，从而保证研究结果的准确性。

(5) 独立性原则：水资源承载力指标体系是一个庞大的指标体系，各指标间有着复杂的相互作用关系，很多指标间含义重叠，在指标选取时，尽量避免同类指标的重复。

(6) 简洁性原则：在制定指标体系时，本着用较少的指标反映较多问题的原则，指标的选择应尽量简洁。

2. 评价指标的确定

首先是进行元素构造，即明确评价指标体系应由哪些指标组成，各指标的概念、评价范围、计算方法、计量单位等。其次是结构构造，主要是对指标体系中所有指标之间的相互关系、层次结构以及与国家、部门总体宏观统计指标的关系进行分析，以保证整个指标体系的系统性和完整性。

水资源承载力是一个涉及多因素、多层次和多系统的复杂课题，它不仅受到区域水资源时空分布的制约，还与当地的人口、经济、生态环境等息息相关。水资源承载力评价的重要任务之一就是评价指标系统的构建，能否架构出高效的、优质的指标直接影响是否可以科学评价水资源承载力。目前，国内学者针对水资源承载力评价还未有一套成熟的、公认的、适用于不同地区的体系标准，因此指标体系的建立不仅要借鉴被广泛参考的典型指标，还要根据不同研究区的特点选择符合当地情况的指标。

区域复合系统整体发展及其各子系统之间的相互协调关系是制定区域水资源承载力评价指标体系的主要依据。根据区域系统的关系，建立区域水资源承载力评价指标体系框架。通过对问题的初步研究，按照上一节水资源承载力子系统的划分建立指标体系的层次递阶结构。将系统分为水环境、社会、经济、生态四个子系统，层次之间互不相交。以同一层次的元素作为准则，对下层次的部分元素起支配作用，同时它又受上一层次元素的支配，因而形成了自上而下逐层支配的递阶层次结构形式。一个好的层次结构对于解决问题是极为重要的，因而层次结构必须建立在决策者对所面临的问题有全面深入认识的基础之上。

在实际应用中，不是指标越多越好。按照以上建立的区域水资源承载力评价指标框架，必须对各项具体评价指标进行筛选。指标筛选的关键在于指标能够反映评价问题的本质。指标过多，一方面会引起评价判断上的错觉，另一方面容易导致其他指标权重过小，从而造成评价结果失真。目前根据水资源承载力所涉及的内容以及参考以往的研究成果，按照以上指标体系的构建原则和枣庄市的实际情况，本章节从水环境系统、社会系统、经济系统及生态系统四个维度构建枣庄市水资源承载力评价指标体系，整个指标体系共包含 19 项指标，详见表 4.2-1。

表 4.2-1　枣庄市水资源承载力评价指标体系

目标层	准则层	指标层
水资源承载力 A	水环境系统 U1	U11 人均水资源量
		U12 产水模数
		U13 用水总量
		U14 年降水量
		U15 水资源开发利用效率
		U16 供水总量

续表

目标层	准则层	指标层
水资源承载力 A	社会系统 U2	U21 人口密度
		U22 自然增长率
		U23 城镇化率
		U24 城镇居民人均生活日用水量
	经济系统 U3	U31 万元工业增加值用水量
		U32 万元 GDP 用水量
		U33 人均 GDP
	生态系统 U4	U41 工业污水排放量
		U42 生活污水排放量
		U43 城市绿化面积
		U44 生态环境用水率
		U45 人均绿地面积
		U46 污水集中处理率

三、构建水资源承载力评价模型

水资源承载力这一概念被提出并研究至今，对于其根本内涵的理解以及相关研究方法的探究也逐渐成熟，其研究方法已经由单一化、静态化发展成为多层次、全方位指标的动态综合研究方式。就目前研究成果来说，区域水资源承载力的评价方法有很多，我国关于水资源承载力的计算方法也多种多样，包括层次分析法、主成分分析、综合评价法、状态空间法、生态足迹法、模糊评价法、系统动力学、压力-状态-响应模型和 TOPSIS 模型等及多种方法的集成运用。

（一）评价方法的选择

水资源承载力的评价需要对各个指标进行赋权，通过文献的整理比较与分析，本章利用熵权法进行赋权，熵权法属于客观赋权方法，消除了层次分析法等赋权方法的主观性，不容易产生偏差，使评价结果更加准确。水资源承载力的评价方法涉及主成分分析法、模糊综合评价法、系统动力学法等。评价方法多元，大致呈两个方向，即相对评价及绝对评价，其中相对评价方法更适合大区域内的小范围比较，易于找出各个评价对象的优势与短板。由于本书的研究对象为山东省枣庄市，所以本章采取相对评价方法，重点比较分析各个地区水资源承载的优势与短板。而水资源承载力涉及水环境、社会、经济和生态多个系统，影响因素众多，一般地，水资源承载力评价指标体系都是多层次的，所以采用多指标分析的评价方法。在熵权法赋权的基础上，运用综合指数法对数值进行线性加权，可得出各个子系统及水资源承载力的得分，易于从纵向对评价对象进行比较分析，还可以分析各个子系统的优势与短板。TOPSIS模型是一种有效的评价方法，经常用于多目标决策分析中，其基本原理是：通过处理评价指标与正的数值和负的数值之间的间距来区分大小，如果评价对象最接近正的数值以及最远离负的数值，那么它就是最好的结果，反之最差。此方法的优点是排除了各因素之间的控制，水资源承载力评价结果清晰、真实，更易于对评价对象进行横向分析。

（二）熵权法确定权重

当评价指标被确认之后，不做任何处理就直接用来评价的做法是不可取的，因为不同指标间的单位和维度存在较大差异，无法直接比较，为了使评价结果公正合理且具有可比性，需在此之前“预先处理”相关的原始值，把数据间的量纲统一之后再进行比较，即数据标准化。在现有的研究成果中，已有多种数据预处理方法，本节选用极值处理法来进行数据的标准化，该方法相比其他方法能更好地利用数据间的原始信息。对正向指标和逆向指标分别进行处理，为保证计算的合理性，将标准化后的数据平移一个单位。不同指标的标准化处理分别如下：

正向指标：

$$X_{ij}=\frac{x_{ij}-x_{i\min}}{x_{i\max}-x_{i\min}} \tag{4.2-1}$$

负向指标：

$$X_{ij}=\frac{x_{i\max}-x_{ij}}{x_{i\max}-x_{i\min}} \tag{4.2-2}$$

平移后数据：

$$y_{ij}=x_{ij}+1 \tag{4.2-3}$$

归一化后，P_{ij} 为第 j 个指标下第 i 个样本值所占比重的大小：

$$P_{ij}=\frac{y_{ij}}{\sum_{i=1}^{m}y_{ij}} \tag{4.2-4}$$

计算第 j 项指标的熵值，用 e_j 表示第 j 项水资源承载力评价指标的熵值，则

$$e_j=-\frac{1}{\ln v}\sum_{i=1}^{m}P_{ij}\ln P_{ij} \tag{4.2-5}$$

$$g_j=1-e_j \tag{4.2-6}$$

$$w_j=\frac{g_j}{\sum_{j=1}^{m}g_j} \tag{4.2-7}$$

由此计算出的熵权 w_j 即为指标的权重。

（三）综合指数法计算水资源承载力

（1）计算四大子系统的承载力指数

由熵权法计算出各指标权重之后，再由综合指数法测算出四大子系统的承载力指数及水资源承载力指数，四大指数分别为水环境系统承载力指数 $U1$、社会系统承载力指数 $U2$、经济系统承载力指数 $U3$、生态系统承载力指数 $U4$，计算步骤如下：

水环境系统承载力指数

$$U1=\sum_{i=1}^{m}W_iA_i \tag{4.2-8}$$

社会系统承载力指数

$$U2=\sum_{i=1}^{n}W_iB_i \tag{4.2-9}$$

经济系统承载力指数

$$U3=\sum_{i=1}^{q}W_iC_i \tag{4.2-10}$$

生态系统承载力指数

$$U4=\sum_{i=1}^{h}W_iD_i \tag{4.2-11}$$

其中，W_i 表示第 i 项指标的权重值；A_i 、B_i 、C_i 、D_i 分别代表标准化后的数值；m、n、q、h 分别表示每一个子系统所涵盖指标的个数。

（2）测算水资源承载力指数

$$A=\sum_{i=1}^{m}U_iW_i \tag{4.2-12}$$

其中，A 表示水资源承载力的最终得分；W_i 为各子系统的权重；U_i 是各子系统承载力指数。

（四）TOPSIS 模型

TOPSIS 模型通过测算现有对象与理想化目标的接近程度，从而进行优劣的排序评价。运用 TOPSIS 模型测算枣庄市的水资源承载能力，能够反映出其多年水资源承载力的发展趋势及短板。计算步骤如下：

（1）原始数据标准化

对原始数值进行标准化，可得到以下标准化矩阵：

$$\boldsymbol{P}=\begin{bmatrix} p_{11} & \cdots & p_{1n} \\ p_{21} & \cdots & p_{2n} \\ \vdots & \vdots & \vdots \\ p_{m1} & \cdots & p_{mn} \end{bmatrix} \tag{4.2-13}$$

式中：$\boldsymbol{P}$ 为标准化后的矩阵，为第 j 个指标第 i 年的标准化值；$j=1,2,\cdots,n$，n 为评价指标的个数；$i=1,2,\cdots,m$，m 为评价年份的个数。

（2）建立加权矩阵

建立加权矩阵，可提高评价结果的科学性和客观性。

$$\boldsymbol{Y}=\boldsymbol{PW}=\begin{bmatrix} p_{11}w_{11} & p_{12}w_{12} & \cdots & p_{1n}w_{1n} \\ p_{21}w_{21} & p_{22}w_{22} & \cdots & p_{2n}w_{2n} \\ \vdots & \vdots & \vdots & \vdots \\ p_{m1}w_{m1} & p_{m2}w_{m2} & \cdots & p_{mn}w_{mn} \end{bmatrix} \tag{4.2-14}$$

(3) 测算正、负理想解

正理想解,即数据中第 j 个指标在 i 年内的最大值,也就是表现最好的方案;负理想解,即数据中第 j 个指标在 i 年内的最小值,也就是表现最不好的方案,其计算方法见公式:

正理想解:

$$Y^{+}=\{\max y_{ij} \mid i=1,2,3,\cdots,n\}=\{y_1^{+},y_2^{+},\cdots,y_n^{+}\} \tag{4.2-15}$$

负理想解:

$$Y^{-}=\{\min y_{ij} \mid i=1,2,3,\cdots,n\}=\{y_1^{-},y_2^{-},\cdots,y_n^{-}\} \tag{4.2-16}$$

(4) 测算最终距离

由于欧氏距离测算方法简捷有效,因此本节采用欧氏距离来计算不同评价对象到正、负理想解的距离。其计算方法见下式:

$$D^{+}=\sqrt{\sum_{j=1}^{n}(y_j^{+}-y_{ij})^2} \tag{4.2-17}$$

$$D^{-}=\sqrt{\sum_{j=1}^{n}(y_j^{-}-y_{ij})^2} \tag{4.2-18}$$

(5) 评价对象与理想解贴近度的计算

设 T 为第 i 年水资源承载力接近最优承载力的程度,称为贴近度,T 值越大,表明水资源承载力越大。其计算公式如下:

$$T_i=\frac{D_i^{+}}{D_i^{+}+D_i^{-}} \tag{4.2-19}$$

第三节 枣庄市水资源承载力评价

水资源承载能力是在一定区域内,在一定生态环境质量和一定生活水平下,天然水资源的可供水量能够支持环境、经济与人口协调发展的限度或能力。根据《水利部办公厅关于做好建立全国水资源承载能力监测预警机制工作的通知》(办资源〔2016〕57 号)安排,按照水利部关于建立全国水资源承载能力监测预警机制工作的有关新要求，水利部在总结试点工作经验基础上，对《建立全国水资源承载能力监测预警机制技术大纲》进行了修订，形成了《全国水资源承载能力监测预警技术大纲(修订稿)》(以下简称《技术大纲》)，重点界定水资源承载能力与承载负荷的核算方法、承载状况的评价方法及相关技术要求。采用《技术大纲》中的方法，遵循易度量、可操作、能监测等要求，结合最严格水资源管理“三条红线”的指标，选取用水总量控制指标、地下水开采量控制指标等作为评价指标。

一、用水总量及地下水开采量控制指标

1. 用水总量控制指标

依据《枣庄市 2019 年度各区(市)用水总量控制指标分配方案》，枣庄市 2019 年用水总量控制指标为 97 300 万 m^3[枣庄市用水总量指标中岩马水库和南四湖引水不计算在各区(市)用水指标中]。具体指标分配方案见表 4.3-1。

表 4.3-1　枣庄市 2019 年度各区(市)用水总量控制指标分配方案　　单位:万 m^3

区(市)	市中区	台儿庄区	峄城区	薛城区	山亭区	滕州市	合计
地表水	10 018	4 561	1 550	7 068	6 918	13 184	43 300
地下水	4 523	2 461	3 359	6 062	3 683	24 912	45 000
南水北调	1 000	—	—	1 000	—	7 000	9 000
小计	15 541	7 022	4 909	14 130	10 601	45 096	97 300

2. 地下水开采量控制指标

枣庄市 2019 年度地下水开采量控制指标见表 4.3-2。

表 4.3-2　枣庄市 2019 年度地下水开采量控制指标　　单位:万 m^3

区(市)	市中区	台儿庄区	峄城区	薛城区	山亭区	滕州市	合计
地下水可开采量	4 523	2 461	3 359	6 062	3 683	24 912	45 000

二、现状年水资源承载能力评价

1. 用水总量及地下水开采量对比分析

(1) 用水总量对比分析

为分析用水量是否存在超过用水指标情况，统计 2019 年枣庄市各区

(市)用水总量及其控制指标,见表 4.3-3。从用水总量分析情况看,枣庄市各区(市)均不存在用水总量超过控制指标的情况。

表 4.3-3 枣庄市 2019 年度各区(市)用水总量和控制指标表 单位:万 m^3

区(市)	2019 年用水总量控制指标	2019 年评价口径用水总量
市中区	15 541	9 888
台儿庄区	7 022	3 237
峄城区	4 909	3 742
薛城区	14 130	6 257
山亭区	10 601	4 108
滕州市	45 096	28 770
合计	97 300	56 002

(2) 地下水开采量对比分析

为分析地下水开采量是否存在超采情况,统计 2019 年枣庄市各区(市)地下水开采量及其控制指标,见表 4.3-4。从地下水开采情况看,枣庄市各区(市)地下水开采量均不存在超过控制指标的情况。

表 4.3-4 枣庄市 2019 年度各区(市)地下水开采量和控制指标表 单位:万 m^3

区(市)	2019 年地下水开采量控制指标	2019 年评价口径地下水开采量
市中区	4 523	3 650
台儿庄区	2 461	1 832
峄城区	3 359	2 613
薛城区	6 062	4 558
山亭区	3 683	2 913
滕州市	24 912	20 432
合计	45 000	35 998

2. 水资源承载能力评价标准

根据《技术大纲》要求,现状年水资源承载能力评价通过实物量指标对单因素进行评价,对照各实物量指标度量标准直接判断其承载能力。

(1) 对于用水总量,$W \geqslant 1.2W_0$ 为严重超载,$W_0 \leqslant W < 1.2W_0$ 为超载,$0.9W_0 \leqslant W < W_0$ 为临界状态,$W < 0.9W_0$ 为不超载。

(2) 对于地下水开采量,$G \geqslant 1.2G_0$ 或超采区浅层地下水超采系数 $\geqslant 0.3$ 或存在深层承压水开采量或存在山丘区地下水过度开采为严重超载,

$G_0 \leqslant G < 1.2G_0$ 或超采区浅层地下水超采系数介于(0,0.3]或存在山丘区地下水过度开采为超载,$0.9G_0 \leqslant G < G_0$ 为临界状态,$G < 0.9G_0$ 为不超载。

水资源承载能力评价标准详见表 4.3-5。

表 4.3-5 水资源承载能力评价标准

要素	评价指标	承载能力基线	承载能力状况			
			严重超载	超载	临界状态	不超载
水量	评价口径用水总量 W	用水总量控制指标 W_0	$W \geqslant 1.2W_0$	$W_0 \leqslant W < 1.2W_0$	$0.9W_0 \leqslant W < W_0$	$W < 0.9W_0$
	评价口径地下水开采量 G	地下水开采量控制指标 G_0	$G \geqslant 1.2G_0$	$G_0 \leqslant G < 1.2G_0$	$0.9G_0 \leqslant G < G_0$	$G < 0.9G_0$

3. 各区(市)水资源承载能力状况

根据单指标评价标准进行总体分析(表 4.3-6),现状年枣庄市水资源承载能力能够满足社会经济的发展,水资源承载能力状况属于不超载状态。

表 4.3-6 枣庄市 2019 年度各区(市)水资源承载能力状况表 单位:万 m^3

区(市)	2019 年用水总量控制指标	2019 年评价口径用水量	用水总量承载能力判别	2019 年地下水开采量控制指标	2019 年评价口径地下水开采量	地下水承载能力判别	用水总量承载能力判别结论	地下水开采量承载能力判别结论
市中区	15 541	9 888	0.64	4 523	3 650	0.81	不超载	不超载
台儿庄区	7 022	3 237	0.46	2 461	1 832	0.74	不超载	不超载
峄城区	4 909	3 742	0.76	3 359	2 613	0.78	不超载	不超载
薛城区	14 130	6 257	0.44	6 062	4 558	0.75	不超载	不超载
山亭区	10 601	4 108	0.39	3 683	2 913	0.79	不超载	不超载
滕州市	45 096	28 770	0.64	24 912	20 432	0.82	不超载	不超载
合计	97 300	56 002	0.58	45 000	35 998	0.80	不超载	不超载

从用水总量分析,按行政区分区,山亭区承载能力仅为 0.39,峄城区则高达 0.76,滕州市和市中区承载能力也较大,为 0.64。总体来看,枣庄市用水总量空间差异较大,部分地区水资源仍有较大开发潜力,具体见图 4.3-1。从地下水开采量分析,枣庄市各区(市)也属于不超载状态。但各区(市)地下水开采量承载能力均较高,台儿庄区略低,为 0.74,滕州市和市中区均高于 0.8,即将达到临界状态,亟须寻找其他水源替代地下水,减少地下水开采,具体见图 4.3-2。

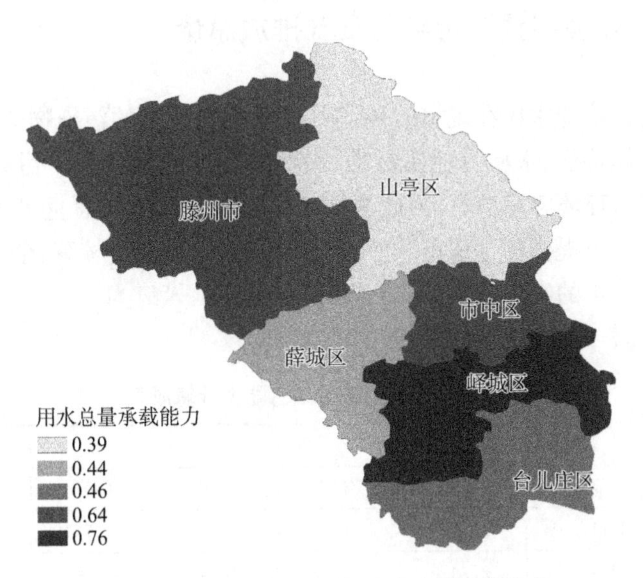

图 4.3-1 枣庄市 2019 年用水总量承载能力

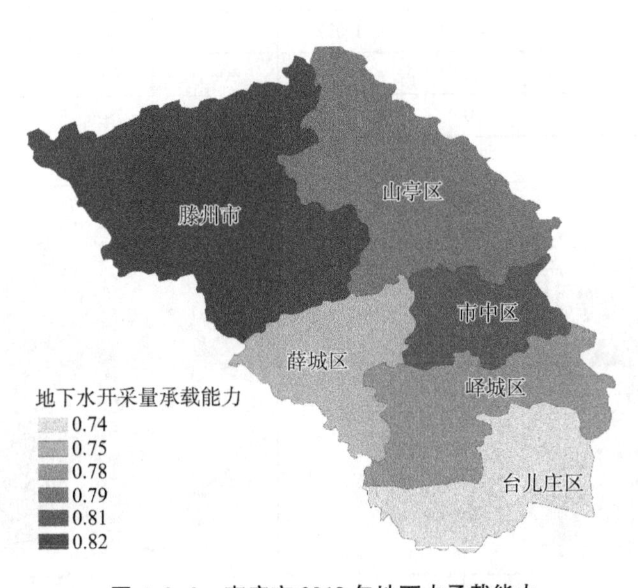

图 4.3-2 枣庄市 2019 年地下水承载能力

三、水环境容量及污染物限制排放总量

水环境容量即水体在规定的环境目标下所能容纳的污染物的最大负荷，其大小与水体特征、水质目标及污染物特性有关，此次规划年污染物限制排放总量按照水环境容量核算，因此规划年污染物限制排放总量等于水环境容量。根据枣庄市提供的枣庄市“三线一单”编制成果，通过核算，全市 2025 年、2030 年、2035 年的纳污能力 COD 为 7 050.5 t/a，氨氮为 429 t/a。各行政区纳污能力见表 4.3-7、图 4.3-3 和图 4.3-4。

表 4.3-7　各行政区纳污能力计算成果　　单位：t/a

行政区	2025 年		2030 年		2035 年	
	COD	氨氮	COD	氨氮	COD	氨氮
市中区	1 117.18	52.27	1 117.18	52.27	1 117.18	52.27
薛城区	417.63	27.47	417.63	27.47	417.63	27.47
峄城区	1 581.45	116.32	1 581.45	116.32	1 581.45	116.32
台儿庄区	1 894.77	143.42	1 894.77	143.42	1 894.77	143.42
山亭区	1 072	48.91	1 072	48.91	1 072	48.91
滕州市	967.47	40.61	967.47	40.61	967.47	40.61
合计	7 050.5	429	7 050.5	429	7 050.5	429

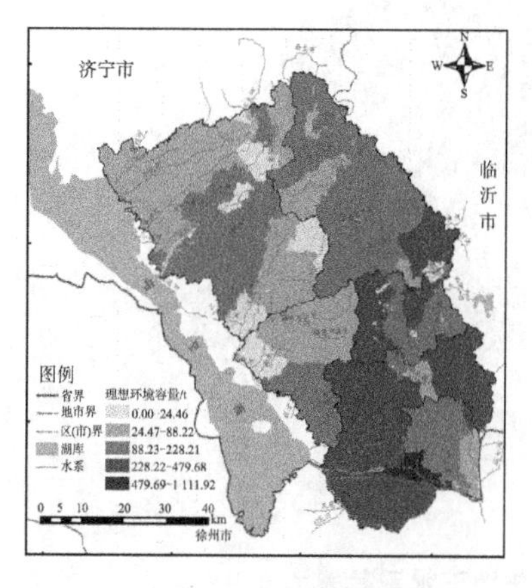

图 4.3-3　枣庄市各控制单元 COD 理想环境容量空间分布示意图

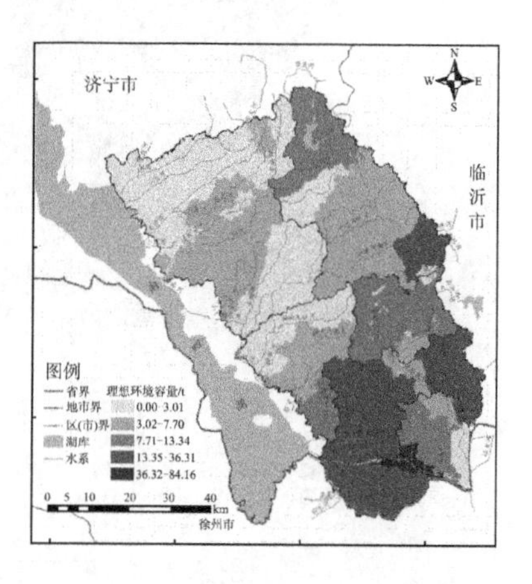

图 4.3-4　枣庄市各控制单元氨氮理想环境容量空间分布示意图

第五章

水资源供需平衡分析

水资源供需平衡分析是指对一定范围内不同时期的可供水量和需水量的供求关系分析。通过可供水量和需水量的分析，可以了解水资源余缺的时空分布，针对水资源供需矛盾，进行开源节流总体规划，明确水资源综合开发利用保护的主要目标和方向，实现水资源长期供求计划。依据水资源平衡分析计算反馈的缺水程度、缺水类型，以及合理抑制用水需求、增加有效供水、保护生态环境的不同要求，调整修改供水方案，供新一轮水资源供需分析与水资源配置选用。如此，经过多次反复的平衡分析，根据水资源配置需求最终选定供水方案，为水资源配置及工程建设情况提供支撑。

进入新发展阶段，贯彻新发展理念，要坚持以水定城、以水定地、以水定人、以水定产，完整、准确、全面理解和贯彻“十六字”治水思路，把水资源作为最大的刚性约束，坚决抑制不合理用水需求，实施枣庄市全社会节水行动，推动用水方式由粗放向节约集约转变。因此，合理预测可供水量，充分发挥节水作用，可以更好地做到“以供定需”。

第一节　可供水量及供水能力分析

根据枣庄市现状水资源情况及供水工程情况，枣庄市未来水资源供给主要包括再生水回用、地表水、地下水、雨洪水及外调水。

一、再生水回用

2020年全市污水集中处理能力为60万 m^3/d，实际污水产生量为11 137万 m^3，实际处理量为10 836万 m^3，其中二、三级处理污水年回用量为5 100万 m^3。根据预测分析，2025年全市污水产生量为21 183万 m^3，2035年全市污水产生量为26 046万 m^3。随着社会经济水平的发展，加之人口的增长，污水排放量逐渐增加，为减缓枣庄市水资源供需平衡矛盾、改善居民居住和社会环境，应加强再生水回用效率，特别是再生水补充河道内生态环境需水。本次规划2025年、2035年再生水回用效率分别为50%和60%，规划年再生水回用量分别达到10 591万 m^3 和15 628万 m^3。枣庄市行政分区规划年再生水回用量见表5.1-1。

表5.1-1　枣庄市规划年再生水回用量

行政区	规划水平年	方案	污水处理再利用量（万 m^3）	备注
市中区	2020年	现状情况	1 610	枣庄市污水处理厂
	2025年	基本再利用方案	1 749	汇泉污水处理厂扩建
	2035年	基本再利用方案	2 443	税郭污水处理厂扩建
台儿庄区	2020年	现状情况	125	
	2025年	基本再利用方案	874	台儿庄区污水处理厂
	2035年	基本再利用方案	1 126	
峄城区	2020年	现状情况	74	
	2025年	基本再利用方案	891	新建第二污水处理厂
	2035年	基本再利用方案	1 230	
薛城区	2020年	现状情况	1 423	新城区污水处理厂
	2025年	基本再利用方案	1 611	薛城区污水处理厂
	2035年	基本再利用方案	2 446	
山亭区	2020年	现状情况	51	
	2025年	基本再利用方案	805	
	2035年	基本再利用方案	1 156	

续表

行政区	规划水平年	方案	污水处理再利用量（万 m^3）	备注
滕州市	2020 年	现状情况	1 817	滕州市第二污水处理厂
	2025 年	基本再利用方案	4 661	新建第四污水处理厂
	2035 年	基本再利用方案	7 227	滕州市第一污水处理厂扩建
枣庄市	2020 年	现状情况	5 100	
	2025 年	基本再利用方案	10 591	
	2035 年	基本再利用方案	15 628	

根据各区（市）水资源紧缺程度和污水处理厂地理位置不同，在河湖环境补水、农业灌溉、工业冷却用水、城市公共设施与居住区再生水回用等几个方面，对全市再生水回用进行合理分配。河湖环境补水主要用于枣庄市各城市规划市区内水生态环境和河道内兴建闸坝等控制工程蓄存再生水用于干旱季节农田灌溉；部分工业冷却用水由于水质要求低，再生水可回用于污水处理厂附近或工业开发区部分企业的冷却用水；城市公共设施再生水回用，主要用于道路冲刷、绿化带和绿地浇洒；居住区再生水回用，主要是通过管网供给一定规模的居住小区内居民的冲刷卫生用水。

二、地表水和地下水开发利用

（一）本地地表水可供水量

岩马水库增容前后的总库容分别为 2.2 亿 m^3、2.39 亿 m^3，兴利库容分别为 1.04 亿 m^3、1.34 亿 m^3。按照“上拦、中滞、下排”和蓄泄兼筹的方针，着眼于防洪、排涝等方面的短板，规划对马河水库、周村水库等 2 座大中型水库增容，其中马河水库可增加库容 2 800 万 m^3，总兴利库容将达到 10 052 万 m^3；周村水库扩容后可增加兴利库容 759 万 m^3，总兴利库容将达到 5201 万 m^3。应急备用水源按照枣庄市水务发展“十四五”规划，到 2025 水平年，将建设完成 7 处城市应急备用水源，其中辛庄水库、石嘴子水库、红石嘴水库作为山亭城区应急备用水源，岩马水库、庄里水库作为中心城区应急备用水源。枣庄市地表水可利用量见表 5.1-2。

表 5.1-2 枣庄市水库增容后地表水资源可利用量 单位：万 m³

区(市)	地表水资源量	地表水可利用量		
		95%	75%	50%
滕州市	28 436	5 304	9 961	14 851
山亭区	24 919	6 215	10 650	13 896
薛城区	11 905	1 280	2 082	3 154
市中区	9 555	3 624	5 164	7 555
峄城区	14 840	1 431	2 434	3 604
台儿庄区	12 570	2 825	4 445	5 951
合计	102 225	20 679	34 736	49 010

（二）地下水开发利用

枣庄市现状年开采地下水 35 998 万 m³，按照水资源调查评价计算结果，枣庄市 1956—2016 年地下水可开采量为 61 291.9 万 m³。本次规划采用枣庄市用水总量控制指标及地下水管控控制目标，在全市加强对重点地下水源地科学管理、优化配置、合理调度，可有效利用地下水资源，充分发挥水资源应有的效益。

（三）雨洪水深度利用

枣庄市多年平均降水量 800 mm，多年平均地表径流约 11 亿 m³ 汇入南四湖和韩庄运河，同时枣庄市通过南水北调工程取用南四湖水。为加强本地区地表水资源开发利用率，应加强枣庄市雨洪水深度利用，枣庄市雨洪水深度利用主要指与城市防洪和雨污分排相结合，在对城市河道按防洪标准和治污要求完成综合整治的前提下，推动主要河道开发建设雨洪资源拦蓄利用工程、水库建设雨洪拦蓄工程，主动扩大地表水资源可利用量，改善水生态、水环境，采用生态工程方法，重点在上游小流域进行流域生态河道治理，为经济社会可持续发展提供水资源支撑，进一步扩大水生态环境容量。将拦蓄的雨洪水用于河湖、公园的生态环境用水和地下水回灌补源需水，规划不同水平年的深度开发利用水量分别为 700 万 m³、900 万 m³、1 200 万 m³。规划新建水库 12 座，作为供水水源，其中建设中型水库 1 座，为市中区城南水库，建设小(1)型 4 座，为薛城区西仓水库、市中区长汪水库、市中区前良水库、台儿庄区赵村水库，建设小(2)型水库 7 座。

三、外调水资源供给

枣庄市现状外调水资源主要包括南水北调一期工程、南四湖、临沂市会宝岭水库调水。各调水工程年可利用量为 24560 万 m^3/a，具体详见表 5.1-3。

表 5.1-3　枣庄市现状外调水工程一览表

水源		外调水量(万 m^3/a)
会宝岭水库		1 200
南水北调一期工程	枣庄市区供水单元	2 000
	滕州市供水单元	7 000
南四湖	上级湖	6 000
	下级湖	8 360
合计		24 560

根据《南水北调工程总体规划》、山东省供水区内各市承诺供水量及枣庄市相关规划，南水北调东线二期工程枣庄市外调水量增加 15 600 万 m^3/a，南四湖新增取水 6 640 万 m^3/a，详见表 5.1-4。

表 5.1-4　枣庄市相关规划确定的外调水资源量情况　　单位：万 m^3/a

水源		外调水量(P=95%保证率)
南水北调东线二期工程		15 600
其中	市中区	1 100
	薛城区	4 500
	滕州市	4 000
	台儿庄区	3 000
	峄城区	3 000
南四湖新增取水		6 640

四、供水总量

结合现状水资源条件及未来相关供水条件，枣庄市水资源规划可供水量见表 5.1-5。

表 5.1-5　枣庄市水资源规划可供水量　　单位：万 m^3/a

类型	95%		75%	
	2025 年	2035 年	2025 年	2035 年
本地地表水	14 559.6	14 559.6	33 711	33 711
本地地下水	45 000	45 000	45 000	45 000
外调水	14 206	29 806	33 406	57 006
再生水	10 453	15 308	10 453	15 308
合计	84 218	104 673	122 570	151 025

第二节　需水量分析

水利是国民经济的基础产业，水资源作为不可替代的自然资源，在社会经济发展中起着重要的保障作用。随着社会经济的快速发展，人口总量的不断增加以及城市化水平的逐步提高，对水资源的需求量将越来越大。需水预测是指根据区域经济社会发展及用水现状，推算未来区域需水总量，为水资源的规划管理、供需关系分析、水资源合理配置等工作提供依据。准确合理地预测未来区域水量需求是分析水资源供求关系、合理配置水资源等的基础，也是水资源有效规划和高效管理的前提。其准确性直接决定了水资源供需关系的可靠性，是水资源配置合理性的基础，在整个水资源管理中占有重要地位。

在需水预测、水资源配置等研究中，一般习惯于将水资源需求按照“三生”用户分类，即生活需求、生产需求以及生态与环境需求。生活需求主要是指城镇居民和农村居民家庭餐饮、卫生清洁等基本水资源需求；生产需求是指在正常经济发展情况下，第一、二、三产业的水资源需求，第一产业水资源需求包括种植业和林牧渔业、牲畜的用水，第二产业水资源需求主要包括工业和建筑业的用水，第三产业水资源需求包括商业、餐饮业、交通等服务业的用水；生态与环境需求是指维持生态系统和水环境而必需的水资源量，常规情况可包括河道内生态需水量（汛期冲沙水量、枯水期最低需水量），河道外生态环境需水量(绿地用水、景观用水等)。

生活需水包括了城镇居民和农村居民两部分,区域发展带来的城乡差异,使得城镇与乡村在用水设施和节水意识上存在一定区别,二者在需水预测工作中须分开考虑。本书采用定额法分别对城镇和农村进行居民生活需水预测,该方法是综合考虑社会经济发展状况、生活消费水平、节水技术的推广应用、水资源管理水平、城镇化发展进程等多方面因素制定居民用水定额,采用人口与用水定额的乘积作为区域居民生活需水量的计算结果。

农业需水主要表现为农田灌溉需水和林牧渔畜产业发展需水,是通过蓄、引、提等工程设施把水输送给农田、林地等,以满足作物和牲畜生长繁殖要求的水量。农田灌溉需水量除了与渠系输水和田间灌水过程中的蒸腾蒸发量、深层渗漏、地表径流损失有关,还与灌溉质量和农田水分生产效率有关。通常采用基于灌溉定额的需水预测方法,涉及指标为综合净灌溉定额、灌溉面积以及灌溉水利用系数。

第二产业即工业和建筑业是城市建设重点,是支撑区域城市化进展的重要基石。在需水系统中,通常用万元增加值用水量作为指标,考虑经济发展和用水效率相互作用下的水资源需求。首先根据城市资源条件、重点发展区域和城市综合规划,基于历史发展趋势和经济学者研究成果,把握区域发展特征,预测工业和建筑业的发展状况,估算未来工业和建筑业发展的水量需求。

第三产业即服务业,包括物流交通、信息传输、文体娱乐、社会福利等非物质生产产业。第三产业需水量通常使用与第二产业需水量类似的计算方法,即考虑产业用水效率和发展规模的共同影响结果。采用万元第三产业增加值用水量作为指标,立足当下用水效率和节水潜力评估,同时考虑区域经济发展定位,预测未来第三产业的经济发展状况和水资源需求。

生态需水包括河道内和河道外两部分。通常来说,河道内的生态基流量可以用最小月径流量法、典型年最枯月径流量法、多年平均汛期输沙流量等确定,本书综合考虑枣庄市河道生态现状,采用河流多年平均年径流量法作为河道内生态需水。城市生态维护除了满足维持河流河道基本功能和河口生态环境稳定外,还要考虑成熟绿地建设、环境卫生等需求,在计算河道外生态需水时,可根据用水类型采用定额预测法,或以城镇生活需水的一定比例作为需水结果,本书采用定额预测法计算河道外生态环境需水。

需水预测是水资源优化配置的基础,目前国内外学者做了大量工作,从经验法或函数法到数学方法，都可以用于需水预测。然而每种方法都有其特定的适用环境及局限性，应在研究每种预测模型原理的基础上，首先分析出该模型所适合预测对象的最佳特性，然后根据用水量序列的数据特征来进行模型优选，才能获得较好的预测效果。根据对数据需求及处理方式的不同，常用的需水预测方法可分为时间序列法、结构分析法和系统方法。时间序列法是通过研究用水量自身的发展过程和演变规律进行预测的，所用数据单一，操作简便，如移动平均法、指数平滑法。结构分析法是通过研究用水量影响因素的比例演变关系进行需水预测的，如定额法、弹性系数法、指标分析法等。系统分析法是基于多种用水数据进行的整体性分析，在用水系统未发生很大变化的条件下，也能进行预测，如灰色预测方法、神经网络方法。一般来说，各种预测方法的预测误差都会随着预测期的增加而增加。

由于需水量受诸多因素影响，且与影响因素之间存在着非线性关系，工业、农业、生活、生态用水各有不同的供需规律，需分别预测。定额法需水预测可以通过用水定额充分考虑人民生活水平提高的速度和程度、工业发展的趋势和产业结构的调整、农业经济发展模式及各业节水水平等级政策性调整，适用于对区域范围大、社会经济结构完整、产业部门完备的区域进行需水预测，因此本次研究采用定额法分别对生活、生产和生态 3 个层次进行需水量预测。在需水预测中，要考虑科技进步对未来用水的影响，又要考虑水资源紧缺对社会经济发展的制约作用，需水量预测要着重分析评价各项目用水定额的变化特点、用水结构和用水量变化趋势的合理性，主要遵循以下原则：

(1) 以各规划水平年社会经济发展指标为依据，贯彻可持续发展的原则，统筹兼顾社会、经济、生态、环境等部门发展对水的需求。

(2) 考虑水资源紧缺对需水量增长的制约作用，全面贯彻节水方针。

(3) 考虑社会主义市场经济体制、经济结构调整和科技进步对未来需水的影响。

(4) 重视现状基础调查资料，结合历史情况进行规律分析和趋势分析，力求需水预测符合各区域特点。

(5) 合理配置水资源，统筹安排生活用水量、生产用水量和生态环境用水量。

一、社会经济发展预测与分析

地区需水量与当地社会经济发展息息相关，且定额法需水预测的步骤是首先进行社会经济发展指标预测。规划年社会经济指标通常以现状年国家发布的统计数据为基础，以地区发展计划及中长期发展规划为依据，采用趋势法进行确定。

1. 人口预测

2019年，枣庄市常住总人口为393.3万人。其中，城镇常住人口为232.83万人，农村常住人口为160.47万人。由于农村人口2019年数据不全，因此预测基准年为2018年。根据《枣庄市国民经济和社会发展第十四个五年规划和2035年远景目标纲要》，全市常住人口增长率控制在6‰以内。根据枣庄市卫生健康委员会提供的资料，到2025水平年，全市的常住人口增长率为4.0‰；到2035水平年，全市的常住人口增长率为3.5‰。现状年，全市城镇化率为59.2%；到2025水平年达到65%；到2035水平年达到70%。人口预测方法采用如下公式：

$$R = R_0(1+\gamma)^n \tag{5.2-1}$$

式中：R 为预测人口数(万人)；R_0 为预测基准年人口数(万人)；γ 为常住人口增长率；n 为预测年数。

根据预测，到2025水平年，全市常住总人口达到434.53万人，其中城镇常住人口达到281.59万人，农村常住人口为152.94万人；到2035水平年，常住总人口达到449.99万人，其中城镇常住人口为313.72万人，农村常住人口为136.27万人。各区(市)具体数据见表5.2-1。

表5.2-1 规划年枣庄市各区(市)人口

各区(市)	规划年	总人口(万人)	城镇人口(万人)	农村人口(万人)	城镇化率(%)
市中区	2025年	60.15	46.85	13.30	77.89
	2035年	62.43	53.12	9.31	85.09
薛城区	2025年	60.03	41.78	18.25	69.60
	2035年	61.08	45.68	15.40	74.79
峄城区	2025年	43.96	26.15	17.81	59.49
	2035年	46.32	28.95	17.37	62.50

续表

各区(市)	规划年	总人口(万人)	城镇人口(万人)	农村人口(万人)	城镇化率(%)
台儿庄区	2025年	34.89	21.08	13.81	60.42
	2035年	35.86	23.05	12.81	64.28
山亭区	2025年	55.23	28.39	26.84	51.41
	2035年	56.91	32.15	24.79	56.46
滕州市	2025年	180.27	117.34	62.93	65.09
	2035年	187.36	130.77	56.59	69.80
合计	2025年	434.53	281.59	152.94	64.80
	2035年	449.99	313.72	136.27	69.72

2. 社会经济发展预测

2019年，全市GDP 1 693.91亿元，比上年增长3.6%，其中第一产业增加值158.87亿元，增长0.2%，第二产业增加值736.98亿元，增长0.2%，第三产业增加值798.06亿元，增长7.7%。增长率相对山东省其他地级市较低，考虑到枣庄市2018年及2019年工业增长趋势与长时间趋势不对应因素，加之枣庄市的区位优势，旅游资源丰富，加之近几年枣庄市重点发展新兴产业，大力发展服务业，预测到2035年，枣庄市国民经济将保持持续增长的势头，经济增长速度有所提高。2020年到2035年期间是枣庄市经济结构变化较大的时期，第一产业增加值占GDP的比重将持续下降，第二产业的比重逐步缓慢下降，第三产业比重逐步上升。

预测2020—2025年，全市GDP年平均增长率为6.0%，第一产业增加值年平均增长率为0.5%；第二产业增加值年平均增长率为6.0%，其中，工业增加值年平均增长率为6.0%，建筑业增加值年平均增长率为0.4%；第三产业增加值年平均增长率为7.0%，一、二、三产比例为6.8∶43.4∶49.8。2025—2035年，全市GDP年平均增长率为5.5%，第一产业增加值年平均增长率为0.3%；第二产业增加值年平均增长率为5.0%，其中，工业增加值年平均增长率为5.0%，建筑业增加值年平均增长率为1%；第三产业增加值年平均增长率为6.5%，一、二、三产比例为4.1∶41.3∶54.6。

根据预测，到2025水平年，全市GDP将达到2 400亿元；到2035水平年，GDP将达到4 100亿元。采用的公式如下所示：

$$M = M_0(1+\gamma)^n \tag{5.2-2}$$

式中：M 为预测增加值(万元)；M_0 为预测基准年增加值(万元)；γ 为增加值年增长率；n 为预测年数。

二、生活需水预测

生活需水包括城镇生活需水和农村生活需水。生活用水量受气候、人口、水价、收入水平、节水器具推广程度等多种因素影响。相比于自然因素，生活用水更多受人为因素影响，用水弹性很大且控制因素太主观而难以准确度量。此外，对人口及城镇化水平的估算也是预测生活需水量的重要方面，预测人口增长速度，不仅仅要考虑历史年份的数据，还要根据不同时期的情况，考虑未来人口发展的新的影响因素，如政策调整、居民生活观念转变等，城镇化水平更是与区域规划息息相关，而这些因素在长期预测时都是难以准确预估的。

综合考虑人口增长、居民生活水平的提高、城市化水平提高和第三产业发展等因素，未来枣庄市受水区的生活用水量仍将维持较高的增长速度。预测方法采用人均日用水量法。此方法考虑的因素是用水人口和用水定额。用水定额以现状用水调查数据为基础，考虑不同水平年水价水平、需水管理、节水器具推广与普及情况、生活用水习惯等，拟定相应的用水定额。预计到 2025 年，城镇生活用水定额为 140 L/(人・d)，农村生活用水定额为 80 L/(人・d)；2035 年城镇生活用水定额为 150 L/(人・d)，农村生活用水定额为 90 L/(人・d)。《枣庄市落实国家节水行动实施方案》明确城镇节水增效目标，将城市公共供水管网漏损率降低至 10%以下。全市分行政区城乡生活需水量采用定额法进行预测，预测结果见表 5.2-2。

表 5.2-2 枣庄市各行政区城乡生活不同水平年需水量表 单位：万 m^3

不同水平年	村镇	市中区	台儿庄区	峄城区	薛城区	山亭区	滕州市	合计
2025 年	城镇	2 642	1 180	1 462	2 361	1 574	6 576	15 795
	乡村	418	450	578	578	867	2 024	4 914
	合计	3 059	1 630	2 040	2 939	2 441	8 600	20 709
2035 年	城镇	3 134	1 360	1 715	2 720	1 892	7 746	18 567
	乡村	319	461	603	532	887	1 987	4 790
	合计	3 453	1 821	2 318	3 252	2 779	9 733	23 357

三、生产需水预测

（一）第一产业需水预测

枣庄市大(中)型水库灌区均属于鲁南山区，灌区的灌溉定额统一采用《山东省农业用水定额》(DB37/T 3772 —2019)中Ⅳ区规定的数值；灌溉制度根据滕州站的历年逐日降水量和各种作物需水规律，按水量平衡原理逐日分析计算确定，求得各种作物的净灌溉定额，然后按灌区作物组成、复种指数求得灌区历年单位面积净综合灌溉定额。各水库灌区内主要作物为冬小麦、春玉米和夏玉米。作物复种指数采用1.75，其中冬小麦0.75、夏玉米0.75、春玉米0.25。作物需水量和各种作物生育阶段的需水量采用“三查三定资料”中成果，灌区土壤为壤土，土层计划湿润层深度按最大根系活动层深度确定，即冬小麦、夏玉米、春玉米均为0.7 m。

根据以上资料计算出各水库灌区1961—2016年单位面积净综合灌溉定额。对1961—2016年56个水文年净综合灌溉定额进行频率计算，《枣庄市第三次水资源调查评价》中求得的多年平均净综合灌溉定额为150.0 m^3/亩，灌溉定额见表5.2-3。经统计，枣庄市有效灌溉面积为209.23万亩，分区农业净需水量见表5.2-4。《枣庄市落实国家节水行动实施方案》中明确农田灌溉水有效利用系数提高到0.656以上，规划2025年提高至0.660，2035年提高至0.666，毛需水量见表5.2-5。

表5.2-3　枣庄市作物灌溉定额　　单位：m^3/亩

	保证率50%	保证率75%	保证率90%
水稻	—	420	446
其他农作物	150	175	200

表5.2-4　枣庄市分区灌溉净需水量预测成果表

分区	灌溉面积(万亩)		净需水量(万 m^3)		
	水田	水浇地	50%	75%	90%
市中区	0.01	11.30	1 694	1 964	2 264
台儿庄区	2.83	31.37	4 705	6 618	7 537
峄城区	0	21.12	3 169	3 664	4 225

续表

分区	灌溉面积(万亩)		净需水量(万 m³)		
	水田	水浇地	50%	75%	90%
薛城区	0	32.53	4 879	5 640	6 505
山亭区	0	20.58	3 087	3 569	4 115
滕州市	0.04	89.45	13 418	15 531	17 909
合计	2.89	206.34	30 952	36 986	42 555

表 5.2-5　枣庄区分区灌溉毛需水量预测成果表

规划年	分区	灌溉系数	毛需水量(万 m³)		
			50%	75%	90%
2025 年	市中区	0.660	2 567	2 976	3 431
	台儿庄区		7 129	10 028	11 419
	峄城区		4 801	5 551	6 401
	薛城区		7 392	8 546	9 856
	山亭区		4 677	5 407	6 235
	滕州市		20 331	23 532	27 135
	合计		46 897	56 040	64 478
2035 年	市中区	0.666	2 544	2 932	3 401
	台儿庄区		7 065	9 880	11 316
	峄城区		4 758	5 469	6 344
	薛城区		7 326	8 421	9 768
	山亭区		4 634	5 327	6 179
	滕州市		20 147	23 182	26 890
	合计		46 474	55 211	63 898

(二) 第二产业需水预测

第二产业包括工业和建筑业,需水预测以定额法为基本方法。工业用水量与生产技术和生产规模紧密相关,生产技术决定用水定额,而生产规模决定需要多少定额。因此,在进行工业用水量预测时,主要考虑两个方面的因素:工业发展规模规划和节水技术水平。若不能正确认识经济发展和工业用水需求的客观规律,就容易认为工业用水会随工业规模的扩大不断增长,这与实际发展过程是不相符的,必然会导致预测需水量过大。2019 年枣庄市万元工业增加值耗水量为 16.85 万 m^3，自 2020 年开始，枣庄市颁布《枣庄市落实国家节水行动实施方案》，要求万元工业增加值用水量低于全国平均值的 50%或年降低率≥5%。经过适当调整，规划 2025 年万元工业增加值耗水量较 2019 年下降 17%，2035 年较 2025 年下降 29%，2025 年及 2035 年一般工业需水定额分别按 14 m^3/万元和 10 m^3/万元，建筑业需水定额分别按 3.5 m^3/万元和 3 m^3/万元，管网漏失率分别为 10%和 8%，预测成果见表 5.2-6。

表 5.2-6 枣庄市第二产业需水预测成果表 单位：万 m^3

规划年	第二产业	市中区	台儿庄区	峄城区	薛城区	山亭区	滕州市	合计
2025 年	工业	2 693	931	1 039	2 364	691	8 282	16 000
	建筑业	58	39	49	100	32	282	560
	合计	2 751	970	1 088	2 464	723	8 564	16 560
2035 年	工业	2 937	1 137	1 209	2 888	804	10 118	19 093
	建筑业	52	35	45	94	29	265	520
	合计	2 989	1 172	1 254	2 982	833	10 383	19 613

（三）第三产业需水预测

第三产业需水定额 2025 年及 2035 年分别按 2 m^3/万元和 1.5 m^3/万元，预测成果见表 5.2-7。

表 5.2-7 枣庄市第三产业需水预测成果表 单位：万 m^3

规划年	市中区	台儿庄区	峄城区	薛城区	山亭区	滕州市	合计
2025 年	373	295	205	602	177	1 010	2 662
2035 年	514	407	281	829	246	1 389	3 666

四、生态环境需水预测

（一）河道外生态环境需水

河道外生态环境用水是指城市生态环境用水，主要用于城镇绿化、市政道路浇洒等。由于现状各区(市)生态环境用水量缺少详细的构成，因此本次生态环境需水量预测重点考虑未来城镇绿化及浇洒用水。按照预测的未来城镇人口，2025年、2035年人均绿地面积分别按15 m^2 和18 m^2 计，城镇人均道路面积按10 m^2 和12 m^2 计，城镇绿化用水按30 $m^3/(hm^2 \cdot d)$计，道路浇洒用水按20 $m^3/(hm^2 \cdot d)$计。规划年全市生态环境需水量见表5.2-8。

表5.2-8 枣庄市各行政区河道外生态环境需水量预测成果表

行政分区	城镇人口(万人)		绿化用水(万 m^3)		市政道路用水(万 m^3)		合计(m^3/s)	
	2025年	2035年	2025年	2035年	2025年	2035年	2025年	2035年
市中区	46.85	53.12	739	966	329	429	1 068	1 395
台儿庄区	21.08	23.05	329	414	146	184	475	598
峄城区	26.15	28.95	411	532	183	237	594	769
薛城区	41.78	45.68	690	907	307	403	997	1 310
山亭区	28.39	32.15	460	631	204	280	664	911
滕州市	117.34	130.77	1 807	2 385	803	1 060	2 610	3 445
合计	281.59	313.72	4 435	5 834	1 972	2 593	6 408	8 428

(二) 河道内生态环境需水

采用Tennant法计算河道内生态环境需水，根据水文资料以年平均径流量百分数来描述河道内流量状态，结合国内外相关研究成果，采用10%流量状态是保持大多数水生生物短时间生存所推进的最低瞬时径流量，参考《枣庄市第三次水资源调查评价》提供的各行政区多年平均径流量计算数据，预测成果见表5.2-9。

表5.2-9 枣庄市各行政区河道内生态环境需水量预测成果表

水平年	市中区	台儿庄区	峄城区	薛城区	山亭区	滕州市	合计
2019年	956	1 257	1 484	1 191	2 492	2 844	10 223
2025年	1 147	1 508	1 781	1 429	2 990	3 413	12 268
2035年	1 434	1 886	2 226	1 787	3 738	4 266	15 337

五、总需水量

在农业50%的保证率、工业95%的保证率下，枣庄市2025年需水105 505万 m^3，2035年需水116 874万 m^3。在农业75%的保证率、工业95%的保证率下，枣庄市2025年需水114 648万 m^3，2035年需水125 611万 m^3。在农业90%的保证率、工业95%的保证率下，枣庄市2025年需水123 086万 m^3，2035年需水134 298万 m^3，详见表5.2-10。从枣庄市水资源总量来看，枣庄市现状水资源量较为充足，但存在水资源时空匹配不均问题，本着水资源优水优用以及先本地后调水原则，本次规划特别强调对水资源的空间优化配置，解决枣庄市水资源匹配不当的问题。

表5.2-10　需水量汇总表　　单位：万 m^3

分区	水平年	城乡非农业需水量	农业用水			需水量合计		
			50%	75%	90%	50%	75%	90%
市中区	2025年	8 398	2 567	2 976	3 431	10 965	11 374	11 829
	2035年	9 785	2 544	2 932	3 401	12 329	12 717	13 186
台儿庄区	2025年	4 878	7 129	10 028	11 419	12 007	14 906	16 297
	2035年	5 884	7 065	9 880	11 316	12 949	15 764	17 200
峄城区	2025年	5 707	4 801	5 551	6 401	10 508	11 258	12 108
	2035年	6 848	4 758	5 469	6 344	11 606	12 317	13 192
薛城区	2025年	8 431	7 392	8 546	9 856	15 823	16 977	18 287
	2035年	10 159	7 326	8 421	9 768	17 485	18 580	19 927
山亭区	2025年	6 995	4 677	5 407	6 235	11 672	12 402	13 230
	2035年	8 507	4 634	5 327	6 179	13 141	13 834	14 686
滕州市	2025年	24 198	20 331	23 532	27 135	44 529	47 730	51 334
	2035年	29 217	20 147	23 182	26 890	49 364	52 399	56 107
合计	2025年	58 608	46 897	56 040	64 478	105 505	114 648	123 086
	2035年	70 400	46 474	55 211	63 898	116 874	125 611	134 298

第三节 供需平衡分析

一、现状各区供水情况

1. 市中区

市中区城市生活和工业供水水源为丁庄水源地、渴口水源地和周村水库。目前上述三个供水水源地在干旱年份供水均较为紧张，特别是周村水库，由于其水质较好，向城市生活和工业供水量超过供水保证率，因此近几年经常出现一到5、6月份水库蓄水达到死库容的情况。十里泉、陶枣煤田、半湖山丘等地质区现状为采补平衡区，满足现有农村人畜用水、农业灌溉、工业等用水户的用水需求，不宜再扩展大的用水项目。各小型水库、拦河蓄水工程以满足农业用水为主，难以承担保证率要求较高的大用水户的用水需求。2019年向市中区配置南水北调水820万 m^3，保障十里泉电厂和南郊热电工业供水，部分缓解了市中区供水紧张的状况。另外，丁庄水源地因水质不达标按要求已于2022年关停。总体上看，在没有调配优质水源的情况下，市中区供水形势较为严峻。

2. 峄城区

峄城区无大中型水库，仅有小型水库和拦河闸坝，这些工程主要以满足农业用水为主，难以承担保证率要求较高的大用水户的用水需求。枣南平原东区峄城部分本地水资源仅能满足现有农村人畜用水、农业灌溉、工业等用水户的用水需求，不宜再扩展大的用水项目。

3. 台儿庄区

台儿庄区没有大中型水库，仅有小型水库和拦河闸坝，这些工程主要以满足农业用水为主，难以承担保证率要求较高的大用水户的用水需求。枣南平原西区台儿庄部分本地水资源仅能满足现有农村人畜用水、农业灌溉、工业等用水户的用水需求，不宜再扩展大的用水项目。

4. 山亭区

山亭区境内大型水库有岩马水库和庄里水库，中型水库有石嘴子水库与庄里水库，山亭区的地表水资源和可以利用的地表水资源较为丰富。这些拦蓄工程都可以承担向城市或工业项目供水的任务。另外，山亭区还有许多小型水库和拦河闸坝，可以向农业供水。但山亭区的地下水资源相对贫乏，有潜力的水文地质区有羊庄泉区和山亭断块，羊庄泉区位于该区的边界地带，距离行政中心和工业区较远；山亭断块受地质条件限制，只在局部地段有较好的开采条件，在满足城市用水和现有用水户用水的同时，难以再承担更多的供水任务。同时，岩马水库高保证率用水指标已分配完，山亭区暂时不能考虑岩马水库的地表水。在供水配套设施不完备的情况下，山亭区也存在一定程度的缺水问题。

5. 薛城区

薛城区（含高新区）没有大中型水库，仅有小型水库和拦河闸坝，这些工程中薛城沙河上的橡胶坝拦蓄的地表水，除满足城市景观用水外，其他拦蓄工程主要以满足农业用水为主，难以承担保证率要求较高的大用水户的用水需求。该区的各水文地质区中，除清凉泉区尚有潜力外，其他各区以满足现有用水户的用水需求为主，不宜增加新的用水户。

6. 滕州市

滕州市境内大型水库有马河水库，中型水库有户主水库，滕州市的地表水资源和可以利用的地表水资源相对丰富。这些拦蓄工程都可以承担向城市或工业项目供水的任务。南四湖上级湖分配给枣庄市的用水指标 6 000 万 m^3/a 由滕州市使用，主要用于沿湖灌区农业灌溉，也可部分用于工业项目用水。另外，滕州市还有许多小型水库和拦河闸坝，可以向农业供水。滕州市境内的地下水富水区包括荆泉南区、羊庄泉区和滕西平原区等。其中荆泉南区主要承担向城市供水的任务，现状基本采补平衡，进一步加大开发利用的潜力不大；羊庄泉区现状也基本达到采补平衡，上游庄里水库建设会影响到区域地下水补给，今后羊庄水源地会出现一定程度的超采情况；滕西平原区以农业用水为主，用水需求较大。另外，随着城镇化的发展，滕州市缺少优质水源的问题也日益突出。

基于各区（市）水资源形式，本次水资源供需平衡采用多次平衡法。一次平衡考虑现状供水能力条件下，不考虑节水的水资源供需平衡；若存在缺水，则考虑确定规划供水工程条件下，考虑节水的水资源供需平衡计算；若继续存在缺水，则考虑新增供水工程条件下与节水水平条件下的供需平衡。在供需平衡计算中，农业水资源需求采用 75％年型农业需水量；可供水资源量采用 95％年型和 75％年型可供水资源量。

二、水资源供需平衡分析

(一) 一次水资源供需平衡

在一次水资源供需平衡中,地表水可供水量采用大中型水库、小型水库以及拦河闸(坝)供水量;地下水可供水量采用枣庄市2019年各区(市)用水总量控制指标分配方案;外调水量为南水北调水与其他客水(南四湖、韩庄运河、会宝岭水库)。2025年不考虑南水北调二期工程供水,2035年考虑。各行政区域余、缺水情况见表5.3-1和表5.3-2。总体来看,当保证率为95%时,枣庄市缺水情况严重,主要是农业用水;当保证率为75%时,枣庄市水量富余。

P=95%年型:在2025水平年水资源需求情况下,枣庄市缺水9 883万m^3/a。其中,仅市中区有22万m^3/a水量富余;台儿庄区、峄城区、薛城区、山亭区、滕州市分别存在3 546万m^3/a、1 298万m^3/a、1 870万m^3/a、1 699万m^3/a和1 492万m^3/a的缺口,供水缺口主要为城市生活供水的优质水和农业用水。在2035水平年水资源需求情况下,枣庄市缺水4 011万m^3/a。其中,市中区、薛城区分别有473万m^3/a、1 861万m^3/a水量富余;台儿庄区、峄城区、山亭区、滕州市分别存在1 152万m^3/a、817万m^3/a、2 781万m^3/a和1 595万m^3/a的缺口,供水缺口主要为城市生活供水的优质水和农业用水。

P=75%年型:在2025水平年水资源需求情况下,枣庄市水量富余6 437万m^3/a。台儿庄区、峄城区、薛城区分别存在1 388万m^3/a、1万m^3/a和964万m^3/a的缺口,其他行政区均有水量富余,滕州市余水量达2 887万m^3/a。在2035水平年水资源需求情况下,枣庄市水量富余11 409万m^3/a,所有行政区均有水量富余,滕州市余水量高达2 784万m^3/a。

(二) 二次水资源供需平衡

在二次水资源供需平衡中,地表水可供水量采用大中型水库、小型水库以及拦河闸(坝)供水量;地下水可供水量采用枣庄市2019年各区(市)用水总量控制指标分配方案;外调水量为南水北调水与其他客水(南四湖、韩庄运河、会宝岭水库)。2025年不考虑南水北调二期工程供水,2035年考虑。具体数据见表5.3-3和表5.3-4。

表 5.3-1　枣庄市水资源供需一次平衡分析(P=95%)

单位：万 m^3/a

水平年	计算子区	需水量								可供水量						余水量
		居民生活	农业生产	工业	建筑业	第三产业	生态环境	河道生态	合计	地表水	地下水	南水北调	其他客水	再生水	合计	
2025 年	市中区	3 059	2 976	2 693	58	373	1 068	1 147	11 374	2 924	4 523	1 000	1 200	1 749	11 396	22
	台儿庄区	1 630	10 028	931	39	295	475	1 508	14 906	2 825	2 461		5 200	874	11 360	−3 546
	峄城区	2 040	5 551	1 039	49	205	594	1 781	11 259	1 431	3 359		4 280	891	9 961	−1 298
	薛城区	2 939	8 546	2 364	100	602	997	1 429	16 977	914	6 062	1 000	5 520	1 611	15 107	−1 870
	山亭区	2 441	5 407	691	32	177	664	2 990	12 402	6 215	3 683			805	10 703	−1 699
	滕州市	8 600	23 532	8 282	282	1 010	2 610	3 413	47 729	3 664	24 912	7 000	6 000	4 661	46 237	−1 492
	合计	20 709	56 040	16 000	560	2 662	6 408	12 268	114 647	17 973	45 000	9 000	22 200	10 591	104 764	−9 883
2035 年	市中区	3 453	2 932	2 937	52	514	1 395	1 434	12 717	2 924	4 523	2 100	1 200	2 443	13 190	473
	台儿庄区	1 821	9 880	1 137	35	407	598	1 886	15 764	2 825	2 461	3 000	5 200	1 126	14 612	−1 152
	峄城区	2 318	5 469	1 209	45	281	769	2 226	12 317	1 431	3 359	1 200	4 280	1 230	11 500	−817
	薛城区	3 252	8 421	2 888	94	829	1 310	1 787	18 581	914	6 062	5 500	5 520	2 446	20 442	1 861
	山亭区	2 779	5 327	804	29	246	911	3 738	13 834	6 215	3 683			1 155	11 053	−2 781
	滕州市	9 733	23 182	10 118	265	1 389	3 445	4 266	52 398	3 664	24 912	9 000	6 000	7 227	50 803	−1 595
	合计	23 356	55 211	19 093	520	3 666	8428	15 337	125 611	17 973	45 000	20 800	22 200	15 627	121 600	−4 011

备注：一次水资源供需平衡中，地表水可供水量采用大中型水库、小型水库以及拦河闸(坝)供水量；地下水量采用枣庄市 2019 年各区(市)用水总量控制指标分配方案；外调水量为南水北调水与其他客水(南四湖、韩庄运河、会宝岭水库)。2025 年不考虑南水北调二期工程供水，2035 年考虑。

表 5.3-2　枣庄市水资源供需一次平衡分析($P=75\%$)

单位：万 m^3/a

水平年	计算子区	需水量								可供水量						余水量
		居民生活	农业生产	工业	建筑业	第三产业	生态环境	河道生态	合计	地表水	地下水	南水北调	其他客水	再生水	合计	
2025 年	市中区	3 059	2 976	2 693	58	373	1 068	1 147	11 374	4 781	4 523	1 000	1 200	1 749	13 253	1 879
	台儿庄区	1 630	10 028	931	39	295	475	1 508	14 906	4 983	2 461		5 200	874	13 518	−1 388
	峄城区	2 040	5 551	1 039	49	205	594	1 781	11 259	2 728	3 359		4 280	891	11 258	−1
	薛城区	2 939	8 546	2 364	100	602	997	1 429	16 977	1 820	6 062	1 000	5 520	1 611	16 013	−964
	山亭区	2 441	5 407	691	32	177	664	2 990	12 402	11 938	3 683			805	16 426	4 024
	滕州市	8 600	23 532	8 282	282	1 010	2 610	3 413	47 729	8 043	24 912	7 000	6 000	4 661	50 616	2 887
	合计	20 709	56 040	16 000	560	2 662	6 408	12 268	114 647	34 293	45 000	9 000	22 200	10 591	121 084	6 437
2035 年	市中区	3 453	2 932	2 937	52	514	1 395	1 434	12 717	4 781	4 523	2 000	1 200	2 443	14 947	2 230
	台儿庄区	1 821	9 880	1 137	35	407	598	1 886	15 764	4 983	2 461	3 000	5 200	1 126	16 770	1 006
	峄城区	2 318	5 469	1 209	45	281	769	2 226	12 317	2 728	3 359	1 200	4 280	1 230	12 797	480
	薛城区	3 252	8 421	2 888	94	829	1 310	1 787	18 581	1 820	6 062	4 700	5 520	2 446	20 548	1 967
	山亭区	2 779	5 327	804	29	246	911	3 738	13 834	11 938	3 683			1 155	16 776	2 942
	滕州市	9 733	23 182	10 118	265	1 389	3 445	4 266	52 398	8 043	24 912	9 000	6 000	7 227	55 182	2 784
	合计	23 356	55 211	19 093	520	3 666	8 428	15 337	125 611	34 293	45 000	19 900	22 200	15 627	137 020	11 409

备注：一次水资源供需平衡中，地表水可供水量采用大中型水库、小型水库以及拦河闸（坝）供水量；地下水量采用枣庄市 2019 年各区（市）用水总量控制指标分配方案；外调水量为南水北调水与其他客水（南四湖、韩庄运河、会宝岭水库）。2025 年不考虑南水北调二期工程供水，2035 年考虑。

表 5.3-3　枣庄市水资源供需二次平衡分析(P=95%)

单位:万 m^3/a

水平年	计算子区	需水量								可供水量						余水量
		居民生活	农业生产	工业	建筑业	第三产业	生态环境	河道生态	合计	地表水	地下水	南水北调	其他客水	再生水	合计	
2025 年	市中区	3 059	2 949	2 693	58	373	1 068	1 147	11 347	2 924	4 523	1 000	1 200	1 749	11 396	49
	台儿庄区	1 630	9 937	931	39	295	475	1 508	14 815	2 825	2 461		5 200	874	11 360	−3 455
	峄城区	2 040	5 501	1 039	49	205	594	1 781	11 209	1 431	3 359		4 280	891	9 961	−1 248
	薛城区	2 939	8 468	2 364	100	602	997	1 429	16 899	914	6 062	1 000	5 520	1 611	15 107	−1 792
	山亭区	2 441	5 358	691	32	177	664	2 990	12 353	6 215	3 683			805	10 703	−1 650
	滕州市	8 600	23 318	8 282	282	1 010	2 610	3 413	47 515	3 664	24 912	7 000	6 000	4 661	46 237	−1 278
	合计	20 709	55 531	16 000	560	2 662	6 408	12 268	114 138	17 973	45 000	9 000	22 200	10 591	104 764	−9 374
2035 年	市中区	3 376	2 888	2 937	51	503	1 395	1 434	12 583	2 924	4 523	2 100	1 200	2 443	13 190	607
	台儿庄区	1 780	9 732	1 137	34	398	598	1 886	15 565	2 825	2 461	3 000	5 200	1 126	14 612	−953
	峄城区	2 266	5 387	1 209	44	275	769	2 226	12 176	1 431	3 359	1 200	4 280	1 230	11 500	−676
	薛城区	3 179	8 295	2 888	92	811	1 310	1 787	18 361	914	6 062	5 500	5 520	2 446	20 442	2 081
	山亭区	2 717	5 247	804	28	241	911	3 738	13 686	6 215	3 683			1 155	11 053	−2 633
	滕州市	9 515	22 834	10 118	259	1 358	3 445	4 266	51 796	3 664	24 912	9 000	6 000	7 227	50 803	−993
	合计	22 834	54 382	19 093	508	3 585	8 428	15 337	124 167	17 973	45 000	20 800	22 200	15 627	121 600	−2 567

备注:一次水资源供需平衡中,地表水可供水量采用大中型水库、小型水库以及拦河闸(坝)供水量;地下水量采用枣庄市 2019 年各区(市)用水总量控制指标分配方案;外调水量为南水北调水与其他客水(南四湖、韩庄运河、会宝岭水库)。2025 年不考虑南水北调二期工程供水,2035 年考虑。

表 5.3-4 枣庄市水资源供需二次平衡分析(P=75%)

单位:万 m^3/a

水平年	计算子区	需水量								可供水量						余水量
		居民生活	农业生产	工业	建筑业	第三产业	生态环境	河道生态	合计	地表水	地下水	南水北调	其他客水	再生水	合计	
2025 年	市中区	3 059	2 949	2 693	58	373	1 068	1 147	11 347	4 781	4 523	1 000	1 200	1 749	13 253	1 906
	台儿庄区	1 630	9 937	931	39	295	475	1 508	14 815	4 983	2 461		5 200	874	13 518	−1 297
	峄城区	2 040	5 501	1 039	49	205	594	1 781	11 209	2 728	3 359		4 280	891	11 258	50
	薛城区	2 939	8 468	2 364	100	602	997	1 429	16 899	1 820	6 062	1 000	5 520	1 611	16 013	−886
	山亭区	2 441	5 358	691	32	177	664	2 990	12 353	11 938	3 683			805	16 426	4 073
	滕州市	8 600	23 318	8 282	282	1 010	2 610	3 413	47 515	8 043	24 912	7 000	6 000	4 661	50 616	3 101
	合计	20 709	55 531	16 000	560	2 662	6 408	12 268	114 138	34 293	45 000	9 000	22 200	10 591	121 084	6 946
2035 年	市中区	3 376	2 888	2 937	51	503	1 395	1 434	12 583	4 781	4 523	2 000	1 200	2 443	14 947	2 364
	台儿庄区	1 780	9 732	1 137	34	398	598	1 886	15 565	4 983	2 461	3 000	5 200	1 126	16 770	1 204
	峄城区	2 266	5 387	1 209	44	275	769	2 226	12 176	2 728	3 359	1 200	4 280	1 230	12 797	622
	薛城区	3 179	8 295	2 888	92	811	1 310	1 787	18 361	1 820	6 062	4 700	5 520	2 446	20 548	2 187
	山亭区	2 717	5 247	804	28	241	911	3 738	13 686	11 938	3 683			1 155	16 776	3 090
	滕州市	9 515	22 834	10 118	259	1 358	3 445	4 266	51 796	8 043	24 912	9 000	6 000	7 227	55 182	3 386
	合计	22 834	54 382	19 093	508	3 585	8 428	15 337	124 167	34 293	45 000	19 900	22 200	15 627	137 020	12 853

备注:一次水资源供需平衡中,地表水可供水量采用大中型水库、小型水库以及拦河闸(坝)供水量;地下水量采用枣庄市 2019 年各区(市)用水总量控制指标分配方案;外调水量为南水北调水与其他客水(南四湖、韩庄运河、会宝岭水库)。2025 年不考虑南水北调二期工程供水,2035 年考虑。

从二次供需平衡分析上看，在实施节水相关措施和增加南水北调二期工程供水情况下，当保证率为95%时，枣庄市全市依然存在水资源紧缺的情况。当$P=95\%$时，2025年，枣庄市整体缺水9 374万m^3/a，其中，市中区余水49万m^3/a，台儿庄区、峄城区、薛城区、山亭区和滕州市分别缺水3 455万m^3/a、1 248万m^3/a、1 792万m^3/a、1 650万m^3/a和1 278万m^3/a；到2035年，枣庄市整体缺水量为2 567万m^3/a，其中，市中区、薛城区分别余水607万m^3/a、2 081万m^3/a，台儿庄区、峄城区、山亭区和滕州市分别缺水953万m^3/a、676万m^3/a、2 633万m^3/a和993万m^3/a。当$P=75\%$时，2025年和2035年各市（区）水资源量均不存在缺口，且分别有6 946万m^3/a和12 853万m^3/a的水量富余。仅2025年台儿庄区和薛城区分别存在1 297万m^3/a和886万m^3/a的缺口。

第六章

节水规划

节约用水是我国经济建设中必须长期坚持的一项基本方案，城市供水要坚持“开源与节流并重”，才能保证经济建设的顺利发展。因此，做好节水规划内容是建设“节水型城市”和构建“节水型社会”的重要环节，也为后续城市节水工作的开展提供了有力的指导和技术支撑。对于节水工作的开展和节水型城市的建设，首先必须做到科学的规划，由规划指导实际建设。

第一节　概述

一、节水的基本概念

节水型社会建设的目标是节水，主要是通过各种方法有效地提高水资源的利用效率。传统节水的方法主要是大量应用节水技术，建设各种节水工程。目前，节水制度开始不断建立并完善，建立了基于激励和以经济为手段的节水机制，尽可能地发挥民众在节水中的作用。总体上看，传统的节水和节水型社会建设，目的都是尽可能地优化利用水资源。传统节水模式侧重于修建节水工程、设施，综合应用各种节水制度，从而有效地提高节水生产力，而节水型社会则是在行政调节作用下进行合理的引导，为资源节约提供支持。对于节水概念和定义，研究学者也有不同的见解。陈莹等认为节水就是通过合理的节水措施，充分地发挥水资源的潜力，优化与合理利用水资源的系列工作。吴季松指出节水可划分为不同类型，如行政性、工程性、经济性节水等，不同类型节水的侧重点不同。其中，行政性节水的含义为通过行政方式树立民众节约用水的意识，为节水型制度建设提供支持；工程性节水则是基于工程设施来优化配置水资源；经济性节水则通过优化生产技术、工艺实现节水的目的，也包括用水设施节水。沈振荣等认为节水就是通过各种方法手段提高水的利用率，尽可能地降低淡水资源的净消耗量与浪费。综上所述，节水就是人们有意识地尽可能地减少水资源的损失、浪费和污染，深度挖掘水资源循环利用的效率，实现水资源最大化、合理、高效利用。

二、节水型社会的内涵

节水型社会就是通过行政执法、经济节约、提高水资源利用水平、加大节水宣传力度等措施，建立与水资源优化配置匹配的、水权水价清晰合理的水资源管理体系，实现全社会以“全民参与、社会共治”为核心，以水资源的高效利用为准则，社会经济健康永续发展。王浩等认为在生活和生产过程中，贯穿水资源节约和保护意识，在政府、用水单位、公众等各相关方参与情况下，根据水资源形势而综合利用法律、行政、经济等手段和措施，实现全社会合理用水的目的。李佩成在 1982 年对节水型社会进行了定义：改变人们对水资源的认识水平，改变民众传统的浪费水资源习惯，通过不同方式让他们意识到水的重要性。陈莹等则认为节水型社会的含义为，在水资源的供给上，合理地确定各类型用户用水指标和用水定额，基于市场机制进行调节，而形成一种全民节水的氛围。王修贵等在研究过程中对节水型社会的内涵给出了如下定义：为确保水资源可持续利用，为社会经济发展提供支持，而在水资源开发利用不同阶段优化配置水资源，且进行适当的保护，从而实现各方面协调发展的一种社会。经对比分析可知，以上关于节水型社会的概念有一定差异，不过大体相似。本书适当参考这些定义，提出节水型社会的内涵：在控制水资源总量的情况下，农业节水、工业节水、生产节水、生活节水进入协调有序运转中，全社会不同层面共同参与合理高效用水，公众具有高度节水意识，让节水思想融入每个人意识形态之中。

第二节 节水型社会建设理论与意义

一、节水型社会特征与建设内容

1. 节水型社会特征

节水型社会的特征表现为以水权、水市场理论为基础，建立起经济手段和市场调节机制的自律式节水模式，更好地满足水资源优化利用要求，且经济、资源等各方面协调。其相应的主要评价指标为效率、效益和可持续，其中可持续性的含义为水资源在利用中不会对环境产生影响，效率反映出单位实物产出过程中消耗的水资源，节水型社会建设与各方面的因素都有关，对社会建设也会产生显著的影响，因而很有必要进行适当的体制改革和完善。

2. 节水型社会建设内容

节水型社会建设的核心是制度建设，要建立以水权、水市场理论为基础的水资源管理体制，形成以经济手段为主的节水机制，建立起自律式发展的节水模式，不断提高水资源的利用效率和效益。在建设节水型社会过程中，要明晰初始水权，确定水资源宏观总量控制与微观定额管理两套指标体系，采样法律、经济、工程、行政、科技等综合调控措施保证两套指标体系的实现。

二、节水型社会建设意义与要求

1. 节水型社会建设意义

习近平总书记提出“节水优先、空间均衡、系统治理、两手发力”十六字治水思路，其中“节水优先”是十六字治水思路之首，要从观念、意识、措施等各方面把节水放在优先位置。党的十九大提出“必须树立和践行绿水青山就是金山银山的理念，坚持节约资源和保护环境的基本国策”“推进资源全面节约和循环利用，实施国家节水行动，降低能耗、物耗，实现生产系统和生活系统循环链接”。实行严格的城市节水管理制度，完善科学用水和节约用水管理体系，提高城市节约用水工作总体水平，进一步增强全市人民节水意识，实现水资源的可持续利用，为建设自然生态宜居宜业新枣庄提供有效保障。建设节水型社会，是解决枣庄市水资源短缺问题最根本、最有效的战略举措。建设节水型社会，有利于加强水资源统一管理，提高水资源利用效率和效益，进一步增强可持续发展能力；有利于保护水生态与水环境，保障供水安全，提高人民群众的生活质量，为构建社会主义和谐社会作出积极贡献。通过建设节水型社会，走资源节约型和环境友好型的发展道路，是人类与生态环境协调发展的战略决策，是贯彻落实科学发展观，保障经济社会全面、协调、可持续发展的必然选择。

2. 节水型社会建设要求

我国水资源严重短缺与用水严重浪费的现象普遍共存，建设节水型社会，可以缓解水资源供需矛盾，减少污水排放量，改善生态环境，并可以影响和带动市民节约使用煤、电等其他能源、资源，推动资源节约型社会的创建。节水型社会建设最能够反映对治水模式转型的要求。节水型社会建设的最终目标是在积极培育和强化公民节水意识的基础上，建立以水权与水市场理论为基础的用水水权交易体系，建立对水资源实行统一管理、对用水实行总量控制与定额管理相结合的水资源管理体制，形成政府调控、水价调节、市场引导、法规制约、公众参与的运行机制，使水资源在全社会各个环节都能得到高效利用。

创建国家节水型城市是加快城市转型、建成资源节约型和环境友好型社会的必由之路。枣庄市水资源先天条件不足，多年平均水资源总量 14.44 亿 m^3，人均水资源占有量 360 m^3，低于国际公认的人均 500 m^3 的极度缺水线。重要产业的发展都需要以水资源作为要素保障，目前枣庄市处于加快城市转型的关键时期，更加需要强化水资源的刚性约束，提升水资源节约利用效率。在国家卫生城市、全国文明城市、国家森林城市、国家生态园林城市、国家节水型城市“五城同创”目标中，国家生态园林城市创建的前提条件必须是国家节水型城市，这就要求首先要成功创建国家节水型城市，为“五城同创”奠定坚实基础。

第三节　节水型社会建设理论基础及规划原则

一、节水型社会建设理论基础

1. 可持续发展观理论

根据可持续发展思想提出“既满足当代人的需要，又不对后代人满足其需要的能力构成危害的发展”。因此,水资源的开发利用也应该遵循可持续发展的各项原则,既满足当代人对水资源的需求,又不危及后代人对水资源的需求,并能够满足其需求能力的发展。由于人类赖以生存的水资源是有限的,考虑到水资源可持续开发利用要在代际间保持公平的原则,所以当代人不能为了满足自己的需求而损害到后代人需求,应给后代人公平利用宝贵水资源的权利。为了实现这一目标,在水资源开发过程中就要始终贯彻可持续发展的理念,不要超过水资源生态系统固有的承载能力最大限度,保证水资源生态环境的稳定和改善及水循环可再生性的维持,使得因水而引起的自然灾害的损失降到最低限度,避免水严重缺乏而产生的危机发生,最终保证人类生存发展基本自然资源的安全。只有实现了水资源在可持续发展理念指导下的永续利用,才能保证整个人类社会的可持续发展宏伟蓝图的真正实现。

2. 循环经济理论

循环经济是指为实现物质资源的永续利用以及人类的可持续发展,在生产和生活中通过市场机制、社会调控以及清洁生产等方式促进物质循环利用的一种经济运行形态。循环经济是以资源主动回收再利用为核心,依托于技术,促进经济、环境与人类社会协调发展的运行状态;立足于可持续发展的理论,从全局上追求经济、社会与资源、环境的协调而提出的新概念和新理论。简言之,循环经济是以资源循环利用为本质特征的经济形态。

3. 水权理论

水权是指水资源的所有权以及从所有权中分设出的用益权。水资源的所有权是对水资源占有、使用、收益和处置的权力,所有权具有全面性、整体性和恒久性的特点。《中华人民共和国水法》明确规定,水资源属于国家所有,水资源的所有权由国务院代表国家行使。农村集体经济组织修建管理的水库中的水,归该农村集体经济组织使用。为了适应不同的使用目的,可以在使用权的基础上,着眼于水资源的使用价值,将其各项权能分开,创设使用权、用水权、开发权等。而其中最重要的就是水资源的使用权。国家鼓励单位和个人依据相关法律开发、利用水资源,并保护其合法性。在水资源优化配置和高效利用的前提之下,已经取得水资源使用权的地区或用水户以水市场为平台,通过平等协商,将其节余的水有偿地转让给其他地区或用水户,使得水资源的使用权发生变化,这就是水权交易的含义。水权交易是水市场的重要内容,同时是水市场形成的重要标志。在水权交易的实践中,要做到既体现水的商品价值,也要体现和兼顾大多数人的利益和公平交易的原则,使得需水的地区或用水户都可以得到一定水资源来组织生产和美化生活。

4. 水资源与水环境承载力理论

综合刘昌明、冯尚友、刘国全、何希吾、汪恕诚、夏军等专家学者对水资源承载力给出的定义,可以将水资源承载力定义为:在一定的时期内,在可以预见的科学技术、经济和社会发展水平下,以可持续发展理论为准则,以维护生态环境良性发展为前提条件,当地广义水资源系统本身所能满足人口、经济和社会发展需要的最大能力,它是研究区域自然水资源水量、水质,水资源开发利用与人类社会经济进步相互作用的综合反映。水环境承载力是指在一定的水域内,其水体能够被继续使用并仍保持良好生态系统时,能够容纳污水及污染物的最大能力。在实际中,不同的水体具有不同的纳污能力。水环境承载力是保护水环境的一项重要指标,也是制定排污总量的一项重要指标。摸清某一流域的排污总量指标,是贯彻落实科学发展观的具体行动,是真正走人水和谐发展之路的重要步骤,所以正确分析认识水环境承载力对处在当今既要高速发展经济又要保护好生态环境的时代背景来说就显得尤其重要了。

5. 人与自然和谐共处思想

纵观人与自然关系的发展史,当前提出的"人与自然和谐相处"理念,是经济社会不断深化发展的必然结果,也是经济社会高度发展的必然要求。充分了解人与自然关系的发展史,对于人们加深对科学发展观的理解和贯彻具有深远意义,同时对于目前正在开展的节水型社会建设,提高水资源的利用效率和效益也是不无裨益的。伴随着人类经济社会飞速发展,生产力水平突飞猛进,在处理人与自然关系中注重发挥人类的主观能动性,有意识地去追求人与自然和谐发展的境界,在经济发展、生活水平提高的同时不忘改善生态人居环境,倡导人与自然和谐共处,坚决不以牺牲子孙后代的利益来换取今日之快速发展,走人与自然和谐共处的可持续发展大道。

二、节水型社会建设规划原则

(1) 坚持以人为中心,促进人水和谐。正确处理生活、生产经营和生态用水关系,优先保障人民基本生活用水,合理保留生态水,通过提高用水效率和效益满足经济社会用水增长。

(2) 坚持统筹协调,促进优化配置。坚持把节水与经济结构调整和经济发展方式转变相结合,通过产业结构调整,优化配置、合理调配水资源,抑制不合理的用水要求。统筹考虑供水、用水、排水与治污，以水资源的高效、可持续利用促进经济社会的可持续发展。

(3) 坚持合理布局，突出建设重点。根据区域水资源条件、承载能力以及经济社会发展状况，合理布局，确定不同区域节水重点和发展方向，合理安排节水工程和节水措施，突出区域重点。

(4) 坚持制度创新，规范取水用水行为。实行最严格水资源管理制度，逐步建立完善促进水资源高效利用的体制、机制和制度，规范各行业用水行为，实现水资源的有序、有限、有偿开发和高效利用。

(5) 坚持创新探索，实现示范引领。把创新作为推动城市节水工作的根本动力，充分发挥科技的先导作用，把先进节水技术与常规节水技术相结合，提高用水效率和效益。

(6) 坚持政府主导，鼓励公众参与。发挥政府的宏观调控和引导作用，强化政府对节水工作的指导，落实各级政府的节水减排目标责任，建立绩效考核制度；鼓励社会公众广泛参与水资源管理，使节水成为全社会的共识。

第四节 枣庄市节水规划

一、枣庄市节水建设现状

截至 2019 年底，枣庄市实现万元 GDP 用水量 10.62 m^3/万元，低于全国平均值的 40%；万元工业增加值用水量为 14.91 m^3/万元，低于全国平均值的 50%；工业用水重复利用率达到 95.29%；城市污水集中处理率为 97.73%；城市居民生活用水量为 96.2 L/(人·d)；节水型居住小区覆盖率为 17.34%；节水型单位覆盖率为 10.26%；节水型企业覆盖率达到 22.51%。经全市上下共同努力，于 2020 年 12 月通过国家节水型城市验收，名列山东四个成功创建“国家节水型城市”第一名。据枣庄市城乡水务局相关负责人介绍，枣庄市国家节水型城市创建工作虽然取得了明显成效，但也存在一些不足，主要是市民节水意识有待进一步提升，海绵城市和城区供排水管网建设还需要持续加强。目前，枣庄市现行城市供水分为居民生活用水、非居民生活用水、特种用水三类。居民生活用水水价为 2.65 元/m^3，非居民生活用水水价为 4.1 元/m^3，特种用水水价为 6.3 元/m^3。2018 年枣庄市共创建省级节水型小区 22 家，2019 年枣庄市又创建省级节水型小区 13 家，共计 35 家，节水型小区覆盖率在 17%以上，远远超过国家节水型城市要求的 10%覆盖率标准。

二、枣庄市用水主要问题

由枣庄市供需水预测成果可知，在农业 50%的保证率、工业 95%的保证率下，枣庄市 2025 年需水 105 505 万 m^3，2035 年需水 116 874 万 m^3。在农业 75%的保证率、工业 95%的保证率下，枣庄市 2025 年需水 114 648 万 m^3，2035 年需水 125 611 万 m^3。在农业 90%的保证率、工业 95%的保证率下，枣庄市 2025 年需水 123 086 万 m^3，2035 年需水 134 298 万 m^3。可见，在农业 50%的保证率、工业 95%的保证率及在农业 75%的保证率、工业 95%的保证率下，枣庄市各水平年均可实现供需平衡。但在农业 90%的保证率、工业 95%的保证率下，枣庄各水平年都不能实现供需平衡，表现为不同程度的缺水。

(1) 在贯彻“节水优先、空间均衡、系统治理、两手发力”方针，把水资源作为最大的刚性约束，落实“以水定城、以水定地、以水定人、以水定产”和最严格水资源管理制度方面，无论政府层面，还是部门管理层面都存在认识不足，缺少全市水资源、城市供排水和再生水利用规划及优化调度方案。

(2) 用水结构不合理。枣庄市地下水资源较为丰沛，城市生活和工农业发展过分依赖地下水；利用南四湖水积极性不高，用水指标闲置；再生水利用率低，电力行业和化工园区均没有达到《山东省关于加强污水处理回用工作的意见》要求的 50%和 20%回用比例。

因此，解决水资源短缺的途径还需通过水资源规划，在供水和需水区域内达到供需平衡的最大化，同时通过产业结构布局调整，优化用水布局；通过技术改造及节约用水，减少需水量以达到供需平衡。

三、枣庄市节水目标

1. 农业节水

近期目标与控制指标：农业用水包括农作物灌溉用水、林果灌溉用水及养殖业用水。到规划的近期即 2025 年，灌溉水利用系数从 0.656 提高到

0.660以上，降低林果、草场及鱼塘的用水量。

远期目标与控制指标：到规划远期即2035年，进一步加大节水灌溉力度，把节水灌溉率提升到80%，有条件的灌溉区域都发展节水灌溉。提高灌溉系数达到0.666。尽量减低林果、草场及鱼塘的用水量，在林果和草场灌溉上推广节水灌溉技术，真正实现节水型农业。

2. 工业节水

近期目标与控制指标：工业节水的重点行业是火电、化工、造纸、纺织、水泥、食品等行业，要做好节水就要先从这几个行业着手。枣庄的高用水行业主要是火电、造纸、纺织、水泥及食品工业。现状情况下枣庄的工业综合用水定额为17.9 m^3/万元，从现状看用水定额不算很大。到规划的近期即2025年，工业用水综合定额将继续下降到17.4 m^3/万元左右。现状情况下工业用水的管网漏失率为22%左右，到规划的近期要把管网漏失率降到18%左右，减少水资源的浪费。工业水重复利用率现状为50%，近期目标是把工业水重复利用率增加到68%。

远期目标与控制指标：到规划的2035年在工业增加值继续增长的情况下，进一步调整产业结构和企业的技术改造，控制用水量。综合用水定额控制在万元工业增加值耗水量10 m^3，工业水重复利用率达到92%以上。

3. 城镇生活节水

近期目标与控制指标：城镇生活用水主要是指居民家中的日常生活用水，包括居民的饮水、烹饪、清洁、冲厕、洗澡等用水。目前枣庄市城镇节水器具普及率为40%，管网漏失率为10%。居民生活用水的净定额间接反映了城镇居民的生活水平。随着经济的发展，居民生活用水的净定额会不断升高。到规划的近期即2025年，城镇居民生活用水的定额将增加到140 L/(人·d)；节水器具普及率达到60%；管网漏失率保持10%。

远期目标与控制指标：到规划的远期即2035年，继续对管网进行改造，增加节水器具的普及率。在这个阶段，城镇居民生活用水的定额将增加到150 L/(人·d)；节水器具普及率达到80%；管网漏失率降低到8%。

4. 其他行业节水

近期目标与控制指标：建筑业和第三产业在产业结构调整以后将在未来的国民经济中占很大的一部分，这两个产业的用水量和节水量都会相应增加。影响节水量的主要因素是管网漏失率及用水净定额，到规划的近期即2025年管网漏失率下降到10%。建筑业的用水定额下降到3.2 m^3/万元，第三产业的用水定额下降到 1.8 m^3/万元。

远期目标与控制指标：到规划的远期即 2035 年，管网漏失率下降到 8%，建筑业的用水定额下降到 2.5 m^3/万元，第三产业的用水定额下降到 1.3 m^3/万元。

四、枣庄市节水方案总体规划

1. 农业节水

农业节水可以采用的节水方案包括工程措施及非工程措施。工程措施主要是指扩大节水灌溉规模、发展节水种植养殖，加快大中型灌区干支输水渠道衬砌及建筑物改造，完善灌区用水计量设施，提高运行管理水平。2020 年，完成国家规划的大型和重点中型灌区续建配套与节水改造。加快实施高标准农田建设，引导各区（市）加大田间节水工程建设，建立全市墒情监测网络，积极推广水肥一体化、覆盖保墒等先进适用技术，实现增产增效不增水。2020 年，全市节水灌溉面积达到 260 万亩。引导农民因地因水选择种植作物，鼓励发展旱作农业。加快规模养殖场节水改造和建设，大力推广节水型畜禽、渔业养殖方式及循环化节水养殖技术。非工程节水措施包括多采用秸秆覆盖、采用良种、改进耕作措施，采取措施增加水分利用系数，加强管理调整水价进行节水。

在上述措施中，工程措施的资金投入较多，而非工程措施投入较少，但实际的效果比工程措施的好。因为节水要与现有的经济水平相适应，所以在经济条件受到限制的情况下，采取非工程措施会收到更好的节水效益。节水灌溉的投资较大，而且对于土地的现状要求较高，很多耕地是无法实行节水灌溉的，投入和产出无法达到平衡。所以在方案选择上，要在基础方案上加大非工程措施，在用水量持续增加的同时加大节水力度，从而实现有效节水。规划近期的 2025 年节水 509 万 m^3，规划远期的 2035 年节水 829 万 m^3。

2. 工业节水

对于工业生产，主要的工程节水措施是改进生产工艺、淘汰高用水工艺和落后的设备、提高水的重复利用率。这方面的措施投入较大，但是改善生产工艺后节水效果是很明显的。非工程措施包括根据水资源条件，合理调整产业结构和工业布局；制定合理的水价，对废污水排放征收污水处理费实行污染物总量控制。加大力度调整产业结构，改进生产工艺，淘汰高用水工艺和落后的设备。对于新投资兴建的项目，要使用新的生产工艺、新的设备。加大污水处理设施的投入，增加水的重复利用率。制定合理的水价，对污水的排放收取合理的污水处理费用，通过价格的杠杆调整达到控制工业水的用量。规划近期的2025年节水1 950万m^3，远期的2035年节水3 950万m^3。

3. 城镇生活节水

根据城镇生活用水的不同节水措施，可以采取不同的节水方案。改造城镇的自来水管网可以有效减少管道输水过程中的跑冒滴漏现象，起到很好的节水效果。但是在管网改造上的投入较大，不可能一次性完成整个城镇的管网改造，因此需在新建的管网中杜绝跑冒滴漏现象的发生。加大力度推广节水器具和再生水利用，可以减少新鲜水的用量。但是节水器具的价格一般比普通的器具价格要高，在推广中也存在着一定的问题；再生水设备也存在着投入大、收益不明显的现象。在新建的居民小区中，可以通过政策法规来推广使用节水器具，安装再生水利用设备。随着生活水平的提高，居民的用水净定额也在增加，只有增加管网改造投入、加大节水器具普及和推广再生水回用、降低管网漏失率，在用水量持续增加的同时加大节水力度，才能实现有效节水。规划远期的2035年节水522万m^3。

4. 其他行业节水

建筑业和第三产业的万元产值用水定额较少，在基础方案的基础上，适当增加管网改造的投入，降低管网漏损率，加大节水器具的普及；调整水价，控制产业的用水量，通过输水管网改造和改进生产工艺，降低用水定额，起到节水的作用。枣庄市建筑业2035年节水量为12万m^3；第三产业2035年节水量为81万m^3。

五、枣庄市节水规划措施

政策法规是节水型社会建设的起点，政府以其国家代理机构的身份根据经济社会发展的客观需要，提出节水型社会建设的目标，通过构建、创新水政策，规制、协调不同组织机构之间的利益关系，利用水法规、水政策及其水文化之间的相互作用、相互渗透和相互影响，不断实现制度创新，推动节水型社会建设稳步向前发展。节水型社会建设是一场深刻的社会革新，需要进行体制改革和机制创新以及制度建设。建立节水型社会主要有以下几个方面的措施。

1. 充分发挥政府的主导作用，注重制度建设

建设节水型社会是生产关系上的变革，是制度建设，是一场革命。节水型社会的本质特征就是建立起以水权和水市场理论为基础的水资源管理体制，形成以经济手段和市场手段为主的节水机制，建立自律式发展的节水模式，不断提高水资源的利用效率，促进经济、社会和环境的协调发展。

推进节水型社会建设，首先要进行宣传教育，使全社会成员都了解枣庄市的现有水资源情况，了解枣庄市水资源短缺的严峻形势和可能产生的一系列问题，从而自觉增强节水意识。其次要建立一整套完备的规章制度，建立一种日常运行机制，使得各行各业的社会成员都受到普遍约束，必须去节水；通过制度上的创新和科学的激励机制，全社会能够获得制度上的收益，愿意去节水，使节水成为用户自觉自发的长期行为，从而实现全面节水。

2. 重视科技在水资源开发利用中的作用，实现科技节水

实现科技兴水，可以做好几个方面的工作。一是制定科学有效的水利法律法规体系，以适应水利事业的发展。二是保证决策的科学化、合理化，提高水利行业职工整体素质和科技文化水平，尤其是提高领导决策层的科学决策水平。三是针对工农业节水、工程除险加固、重点城市水资源供需平衡、优化调度、引黄和工程抗老化、水资源保护、洪水资源利用等重大课题进行攻关研究，重点研究污水处理技术、海水淡化技术，加大微咸海水利用量。四是建立健全科技推广的服务体系，将科技成果尽快转化为生产力。五是重视和发展科技在水利工程立项、设计、建设和运行管理各个环节中的作用，充分发挥投资效益。

3. 加强水权管理

(1) 确定初始水权

确定初始水权是节水型社会建设的基础。初始水权是根据国家相关的法律法规，通过水权初始化明确水资源的使用权。一般情况下，水权可分为广义水权和狭义水权，广义水权包括水资源的所有权、使用权、经营权和转让权等。在我国，水资源的所有权属于国家，国家通过某种方式将水的使用权赋予各个地区、部门和单位。因此，我们所讲的水权是狭义水权，也就是水资源的使用权。由于水资源以流域为单元，因此首先通过流域的水资源规划，进行初始水权的分配，再确定各个区域的用水权指标。在各流域或区域分配初始水权时，要根据水资源的实际承载力，保证环境用水和生态用水需求，协调好上下游和左右岸的水资源分配，特别是不同行政区域之间的关系，统筹

协调好发达地区和相对落后地区、城市和农村、工业和农业之间的关系。

(2) 建立水资源宏观总量与微观定额两套指标体系

确定初始水权只是水权管理的第一步,在此基础上进一步建立起两套控制指标体系:水资源宏观总量指标体系和微观定额指标体系。水资源宏观总量指标体系通常用来明确各地区、各行业乃至各单位、各灌区的水资源使用权指标,实现宏观区域发展与水资源承载能力相匹配。水资源的微观定额指标体系,用来规定单位产品或服务上的用水量指标。通过控制用水定额的成本,提高水的利用效率,达到节水的目标。

(3) 综合采用各种措施,实现用水控制指标

举个例子,假如某单位需要供水,决定该不该供和怎样供的有关规定,叫作法律措施;安装管道,铺设管路,叫作工程措施;设立指标,超用加价,有价转让,叫作经济措施;达不到指标,给予一定处罚乃至关停,叫作行政措施。在实际操作层面,引入现代化的科技手段,提高管理效能,也是一项非常重要的举措。在收取水资源利益时,实行透明、公开的形式,并制定一套法律对不严格执行的机构实施处罚,把各个机构的职责明确分开,做到具体化,使保护和利用水资源发挥得更到位。建设节水型社会,要注意调整经济结构和产业结构,建立起与区域水资源承载能力相适应的经济结构体系;要建立起水资源配置和节水工程体系,建立与水资源优化配置相适应的水利工程体系;要在用水制度上进行改革,建立起与用水控制指标权相适应相匹配的水资源管理体系。要特别注重经济手段的作用,最重要的是制定科学合理的水价政策,"超用加价,节约有奖,转让有偿",充分发挥价格机制对促进节水的杠杆调节作用。

(4) 制定科学的用水权交易市场规则,实现水资源的高效合理配置

占用了他人水权,需要支付费用;反之,出让用水权,可以获得收益。通过用水权交易市场进行用水权的有偿转让,一旦生产过程中加入用水权成本,买卖双方都会考虑节约用水,社会节水的积极性也会相应提高,水资源的使用就会流向高效率、高效益的领域。另外,无论是丰水地区还是缺水地区,都要建设节水型社会。节水型社会建设不仅要在缺水地区大力推进,还需要在水资源相对丰富的地区积极地进行实践。原因有二:第一,粗放的用水方式是粗放的经济增长方式的一种表现,节水型社会建设,可以推动产业结构进一步调整,促进经济增长方式转变,降低生产成本。丰水地区的水资源丰富是相对的,就全社会而言,水资源总体上是短缺的经济资源,任何地区、任

何人都没有浪费水资源的权利。第二,节水本身就意味着减污。丰水地区虽然水资源相对较多,但如果不倡导节水加以控制,随着生产活动的增长,会产生大量污染,出现水质型缺水,导致守在水边没水用,这种情况在我国南方一些地区已经非常严重,应该引起广泛的关注。丰水地区和缺水地区建设节水型社会的目的是一致的,都是为了提高水资源的利用效率和效益,促进社会的科学发展。所不同的是,缺水地区的用水权分配受控于"宏观总量指标",可以充分利用水权交易市场,实现水资源的优化配置;丰水地区的水权分配取决于"微观定额指标",注重发挥水价的调节作用,实现水资源的高效利用。

(5) 用水户参与管理

建设节水型社会需要鼓励社会公众广泛的参与,如成立用水协会,参与水权、水量的分配、管理、监督和水价的拟定,使得相关利益者能够充分参与到政策的制定和实施过程。用户协会要实行民主选举、民主决策、民主管理、民主监督,充分调动起广大用水户参与水资源管理的积极性。

4. 节水与治污有机结合

国家明确提出建设资源节约型、环境友好型社会。建设节水型社会,严格意义上来说,应该是建设节水防污型社会,节水与防污是紧密结合在一起的。要把节水与治污有机地结合起来,两手都要抓,两手都要硬。节水需要分析水资源承载力,防污则需要分析水环境承载力。水资源承载力体现在水的使用权上,水环境承载力体现在排污权上。有水的使用就有水的排放,给水和排水是辩证统一的。在研究水的使用时,必须同时研究水的排放。用水以后产生的污水排回水域后,如果超过了该水域的水环境承载力,那么再次给水就产生了问题。因此,在发放取水许可证的同时,必须研究和认定排水的许可量。和节水一样,防污也需要建立两套指标:宏观控制指标和微观定额指标。宏观控制指标是根据水功能区划,确定水域的纳污能力,确定某一区域工业、农业和生活污染控制总量。微观定额指标则是衡量每个排污单元的排污标准。排污许可应该同时按照宏观控制指标和微观定额指标进行管理。

第七章

水资源配置工程

水资源合理配置的目的，是兼顾水资源开发利用的长远利益和当前利益，是调节不同地区和部门发展的用水矛盾，是解决水资源时空分布不均带来的区域发展失衡问题，更是寻求社会经济-生态环境-水资源复合系统的和谐关系。本章节从需求和供给两个方面出发，优化枣庄市水资源配置。在需求方面，通过调整产业结构，增强节水意识，采取节水措施，建设节水型社会并调整生产力布局以适应较为不利的水资源条件；在供给方面，调查不同时间和区域中各用水单位的竞争关系，建设蓄、提、引、调水工程以改变水资源的天然时空分布，通过调整水资源分布格局来适应生产力布局。

第一节　水资源配置原则

水资源配置牵扯到不同地区、部门等多个决策主体，涉及了现状、近期和长期的多个规划阶段，还要考虑生活、工业、农业、生态等多个用水户的用水竞争矛盾，是一个多层次、多目标、多阶段的复杂问题，在具体的配置过程中应遵循有效性、公平性、和谐性和可持续性的基本原则。

(1) 有效性原则。水资源在社会经济行为中具有商品属性，配置有效性原则不仅是指经济层面上的有效，还包括了对社会效益和环境效益的追求，在保证经济、环境和社会协调发展的同时，力求水资源开发利用对环境生态的负面影响最小。

(2) 公平性原则。受水文气候、地形地貌影响,天然水资源在自然界中分布不均匀,这就使得不同用水地区、不同部门之间存在一定的竞争关系,公平性原则就是要协调区域和用户之间的用水矛盾,谋求资源合理分配和区域经济协调发展,实现不同地区或同一区域不同用户的资源公平分配。

(3) 和谐性原则。和谐性原则是指在水资源系统分析中,权衡各要素之间、各子系统之间的相互关系,从定性和定量两个角度,在自然供水和社会需水之间、在社会效益和生态效益之间、在当前效益和长远效益之间寻找相对平衡点,使经济、社会与环境和谐发展的综合利用效益最高。

(4) 可持续性原则。可持续发展是既能满足当代人需求又不能损害后代需求的发展,水资源配置的可持续性原则就是在实现水资源分配过程中,既兼顾一时得失又不忘长远利益,在开发利用中斟酌水资源更新速度以保持水资源良性循环,实现现在和远期的水资源协调发展和公平合理分配。

第二节　水资源优化配置

根据现状枣庄市取水许可批复情况,全市跨区域的水量分配主要涉及岩马和庄里两座大型水库。

岩马水库:作为城市生活饮用水水源地,水量以保证城乡居民生活饮用为主,兼顾农业用水。岩马水库控制流域面积 353 km^2,兴利库容 13 383 万 m^3。按照第三次水资源调查评价成果,P 为 75%的可供水量为 6 574 万 m^3,水量分配涉及滕州市、山亭区和中心城区。依据现状取用水情况和各区(市)需水量预测,确定岩马水库分配水量在保障现有农业灌溉用水情况下,主要向中心城区和滕州市城市生活供水。

庄里水库:作为区域性工业和生态补水主要水源,其控制流域面积 319.77 km^2,水库总库容 13 300 万 m^3,兴利库容 8 000 万 m^3。按照第三次水资源调查评价成果,P 为 95%可供水量为 3 801 万 m^3,水量分配涉及滕州市、山亭区和中心城区。根据现状取用水情况和各区(市)需水量预测,确定滕州市分配工业供水量为 1 600 万 m^3,剩余水量需庄里水库灌区建成后另行分配。

生态补水:通过“两库四河”水系连通工程进行生态补水。从庄里水库、岩马水库分配的生态水量及分水余量中取水；同时，根据年降水丰沛情况，灵活调剂使用岩马水库、庄里水库部分农业用水指标用于生态取水水源。

一、近期(2025年)水资源优化配置的方向和重点

2025年，在充分考虑南水北调东线工程一期和南四湖供水条件下，95%保证率下枣庄市整体缺水量较大，高达9 374万 m^3/a。其中，仅市中区有49万 m^3/a 水量富余；台儿庄区、峄城区、薛城区、山亭区、滕州市分别存在3 455万 m^3/a、1 248万 m^3/a、1 792万 m^3/a、1 650万 m^3/a 和1 278万 m^3/a 的缺口。75%保证率下，枣庄市整体不缺水，水量富余6 946万 m^3/a。仅台儿庄区和薛城区分别存在1 297万 m^3/a 和886万 m^3/a 的缺口，其他行政区均有水量富余。总体来看，枣庄市水资源配置存在区域不平衡、工程型缺水及水质型缺水并存的问题。

从枣庄市总体情况来看，枣庄市现状各区(市)地下水资源开发利用存在较大的差异，其中滕州市和薛城区利用率较高，应适当减少地下水资源的开采，优先使用地表水和外调水；山亭区地下水资源水质较好且利用率仅20.87%，通过工程技术手段，可适度增加地下水开采量，而市中区丁庄水源地由于水质超标，应停止使用，寻找新的水源替代。马河水库作为滕州市城市生活应急水源，其上游在济宁市，无法划定饮用水保护区，水源存在安全隐患，应寻找新的水源替代。由于75%保证率下全市不存在缺水情况，本次水资源配置重点针对95%保证率下的缺水区(市)和水资源调配进行配置。2025年枣庄市各区(市)各类用水需水量见表7.2-1，供水量见表7.2-2，各类用水供水水源见表7.2-3。

表7.2-1 近期枣庄市各类用水需水量表(P=95%) 单位：万 m^3

计算子区	市中区	台儿庄区	峄城区	薛城区	山亭区	滕州市	合计
公共生活	3 490	1 964	2 294	3 641	2 650	9 892	23 931
农业生产	2 949	9 937	5 501	8 468	5 358	23 318	55 531
工业	2 693	931	1 039	2 364	691	8 282	16 000
生态环境	2 215	1 983	2 375	2 426	3 654	6 023	18 676
合计	11 347	14 815	11 209	16 899	12 353	47 515	114 138

表 7.2-2　近期枣庄市可供水量(P=95%)　单位:万 m^3

类型	市中区	台儿庄区	峄城区	薛城区	山亭区	滕州市	合计
大中型水库	2 924	1 899	1 271	914	6 215	3 664	16 887
外调水	2 200	5 200	4 280	6 520	—	13 000	31 200
拦河闸	—	926	160	—	—	—	1 086
地下水	4 523	2 461	3 359	6 062	3 683	24 912	45 000
再生水	1 749	874	891	1 611	805	4 661	10 591
合计	11 396	11 360	9 961	15 107	10 703	46 237	104 764

表 7.2-3　2025 年枣庄市各类用水供水水源

区域	公共生活	农业生产	工业生产	生态环境
市中区	周村水库,渴口,岩马水库	周村水库,地下水	南水北调,会宝岭,地下水	再生水,南水北调
台儿庄区	地下水	增加南四湖,韩庄运河	地下水	再生水,拦河闸
峄城区	地下水	地下水,南四湖,增加南四湖取水	南四湖	再生水,拦河闸
薛城区	岩马水库,羊庄水源地,南四湖	地下水,南四湖,增加南四湖取水	南水北调,地下水	再生水,南四湖
山亭区	地下水	庄里水库,石嘴子水库,岩马水库,地下水,增加南四湖取水	石嘴子水库,地下水	再生水,庄里水库
滕州市	地下水,岩马水库,马河水库,南水北调	岩马水库,马河水库,户主水库,庄里水库,地下水,增加南四湖取水	庄里水库,南水北调,地下水	再生水,增加南四湖取水

(1) 市中区

市中区存在工程型及水质型缺水问题,需要采取水源置换及跨流域调水等措施。经过二次水资源平衡分析,近期 2025 年市中区用水总量存在 49 万 m^3/a 余水,现状市中区使用南水北调水约 1 000 万 m^3/a,供水总量满足本地区水资源总量需求,但由于丁庄水源地的调整,城市生活缺少优质水源,需开展岩马水库向城市生活供水工程。在居民生活、建筑业及第三产业方面总需水约为 3 490 万 m^3/a,上述供水优先采用城市集中供水解决,现状市中区共有供水水厂 2 座,设计集中供水能力 12 万 m^3/d,供水能力可满足上述供水要求。供水水源为周村水库和渴口集中供水水源,各供水水源日供水量分别为 3.4 万 m^3/d 与 1.0 万 m^3/d，其中周村水库年可供水量为 2 164 万 m^3。由于丁庄水源地已于 2022 年关停，规划新增供水能力 3 万 m^3/d 的岩马水库；城区内开展分质供水，将非居民供水由其他水源替代供水；另外从会宝岭水库引水 1 200 万 m^3 用于电厂供水；同时考虑部分工业用水优先采用再生水，规划期内可满足本地区用水需求。

(2) 台儿庄区

2025 年，台儿庄区存在 3 455 万 m^3/a 用水缺口，主要为农业用水，在居民生活、建筑业及第三产业方面总需水约为 1 964 万 m^3/a。上述供水优先采用城市集中供水解决，现状台儿庄区自来水公司有集中供水水厂 2 座，设计集中供水能力 4.5 万 m^3/d，实际供水量为 1.5 万 m^3/d，水源主要来自张庄水源地和小龚庄水源地。由于缺水类型为工程型缺水，因此须新增供水规模 4 万 m^3/d。张庄水源地为Ⅳ类水，主要超标项目为硬度，可以继续作为饮用水水源地；同时可以供给工业用水，由于台儿庄没有大中型水库，公共生活及工业用水只能取用地下水及再生水。农业用水量大，可通过取用南四湖水和韩庄运河水(沿运提水站)解决。增加韩庄运河、南四湖农业用水取水量和生态水，可满足本地区水资源总量需求。

(3) 峄城区

2025 年，峄城区用水总量存在 1 248 万 m^3/a 的缺口，主要是农业缺水，在居民生活、建筑业及第三产业方面总需水约为 2 294 万 m^3/a。现状峄城区有水厂 1 座，设计供水规模 3 万 m^3/d，实际日均供水 1.45 万 m^3/d，现状水厂供水能力存在一定缺口，主要是工程型缺水。基于此，本次规划实施增加供水能力 5 万 m^3/d，待南四湖向峄城城市、农村生活供水工程实施后，地下水置换给农业用水，可解决城区水资源短缺问题。

(4) 薛城区(含高新区)

2025 年，薛城区存在一定的水质型缺水及工程型缺水问题。随着市驻地搬入新城，生活及生态用水量增加，对区域地下水依赖严重，需开展跨区域调水缓解用水增加问题。薛城区用水总量存在 1 792 万 m^3/a 的缺口，在居民生活、建筑业及第三产业方面总需水约为 3 641 万 m^3/a。现状薛城区(含高新区)共有水厂 3 座，设计供水规模 12 万 m^3/d，实际日均供水 5.7 万 m^3/d，现状水厂供水能力可满足上述用水需求。本次规划增加岩马水库地表水供水 1.0 万 m^3/d 用于城市生活，羊庄水源地取水由现状的 2.0 万 m^3/d 增加至已批复的 2.3 万 m^3/d 用于保障高新区城市生活取水，在此基础上还需新增供水规模 3.1 万 m^3/d，同时增加南四湖潘庄灌区农业取水。

(5) 山亭区

该地区地表水和地下水丰富，水质优良。通过增加流域治理，加强水源涵养、雨水集蓄与河道拦蓄工程，加之水库扩容，除可满足本地区水资源总量需求外，还可向滕州市和中心城区调配部分优质水源保障城市生活供水，但受水区应予以一定的资源使用费和生态补偿费。山亭区在居民生活、建筑业及第三产业方面总需水约为 2 650 万 m^3/a，现状山亭区共有水厂 1 座，设计供水规模 1.5 万 m^3/d；实际日均供水 1.35 万 m^3/d，现状水厂供水能力、水源地供水能力皆存在一定缺口。本次规划实施增加供水规模 6 万 m^3/d，扩建现有水厂，鼓励有条件的取水单位就近取用地下水。

(6) 滕州市

2025 年，在南四湖及南水北调东线工程一期通水后，可解决滕州工业、农业生产及生态用水需求。本次规划新增供水水源为岩马水库，拟新增供水规模 4 万 m^3/d，公共生活须新增供水能力 7.5 万 m^3/d。滕州市在居民生活、建筑业及第三产业方面总需水约为 9 892 万 m^3/a，现状滕州市共有水厂 3 座，设计集中供水能力约为 26 万 m^3/d，现状水厂供水能力可满足上述用水需求，实际供水能力约为 16 万 m^3/d。主要水源为羊庄地下水源地、荆泉地下水源地与马河水库，实际取水规模分别为 6 万 m^3/d、8 万 m^3/d、2 万 m^3/d。城市生活用水须新增饮用水供水水源，加大供水规模；区域内生活开展分质供水，将优质水源全部用于生活，将非居民用水由其他水源替代供水。同时庄里水库配置 1 460 万 m^3/a 用于鲁南高科技煤化工园区，鼓励有条件的企业取用地表水或再生水，适度加大南四湖农业和生态供水量。

二、远期(2035 年)水资源优化配置的方向和重点

2035 年，在充分考虑南水北调东线工程二期和南四湖供水条件下，95%保证率下枣庄市整体缺水量为 2 567 万 m^3/a，其中市中区、薛城区分别余水 607 万 m^3、2 081 万 m^3/a，台儿庄区、峄城区、山亭区和滕州市分别缺水 953 万 m^3/a、676 万 m^3/a、2 633 万 m^3/a 和 993 万 m^3/a。75%保证率下枣庄市整体不缺水，水量富余 12 853 万 m^3/a。从枣庄市水资源二次供需平衡数据来看，2035 年生活用水、第三产业用水提高。由于工业、农业节水相关工程与非工程措施的实施，总需水量增幅不大。同时由于南水北调二期工程调水

量的增加，总供水量增加。75%保证率下全市不存在缺水情况，故本次水资源配置重点针对 95%保证率下的缺水区（市）和水资源调配进行配置。2035 年枣庄市各区各类用水需水量见表 7.2-4，供水量见表 7.2-5，各类用水供水水源见表 7.2-6。

表 7.2-4 远期枣庄市各部门用水需水量表（$P=95\%$） 单位：万 m^3

计算子区	市中区	台儿庄区	峄城区	薛城区	山亭区	滕州市	合计
公共生活	3 930	2 212	2 585	4 082	2 986	11 132	26 927
农业生产	2 888	9 732	5 387	8 295	5 247	22 834	54 383
工业	2 937	1 137	1 209	2 888	804	10 118	19 093
生态环境	2 829	2 484	2 995	3 097	4 649	7 711	23 765
合计	12 584	15 565	12 176	18 362	13 686	51 795	124 168

表 7.2-5 远期枣庄市可供水量（$P=95\%$） 单位：万 m^3

类型	市中区	台儿庄区	峄城区	薛城区	山亭区	滕州市	合计
大中型水库	2 924	1 899	1 271	914	6 215	3 664	16 887
外调水	3 300	8 200	5 480	11 020	—	15 000	43 000
小型水库	—	926	160	—	—	—	1 086
地下水	4 523	2 461	3 359	6 062	3 683	24 912	45 000
再生水	2 443	1 126	1 230	2 446	1 155	7 227	15 627
合计	13 190	14 612	11 500	20 442	11 053	50 803	121 600

表 7.2-6 2035 年枣庄市各类用水供水水源

区域	公共生活	农业生产	工业生产	生态环境
市中区	周村水库，渴口，岩马水库，南水北调	周村水库，地下水	南水北调，会宝岭	再生水
台儿庄区	地下水	南水北调，增加南四湖，韩庄运河	南水北调	再生水，拦河闸
峄城区	地下水	地下水，南四湖，南水北调，增加南四湖取水	南水北调	再生水，拦河闸，南四湖
薛城区	岩马水库，羊庄水源地，南四湖	地下水，南四湖，南水北调	南水北调	再生水

续表

区域	公共生活	农业生产	工业生产	生态环境
山亭区	石嘴子水库，地下水	庄里水库，石嘴子水库，岩马水库，地下水，增加南四湖供水	地下水	再生水，庄里水库
滕州市	地下水，岩马水库，南水北调，需新增水源	岩马水库，马河水库，户主水库，庄里水库，地下水，增加南四湖供水	庄里水库，马河水库，南水北调	再生水

从2035年枣庄市供需水量来看，经过2025年各区（市）新增供水规模，各区（市）城市集中供水基本可以满足城市公共生活用水，南水北调水按二期工程各区（市）分配水量配置，城市生活供水优先使用置换后的当地地下水、南四湖水和南水北调水。除滕州市，其他市区均是工程型缺水，台儿庄区、峄城区、山亭区和滕州市分别需新增供水规模2.6万 m^3/d、1.9万 m^3/d、7.2万 m^3/d、2.7万 m^3/d，具体水源见表7.2-6。2035年各市（区）工业用水统一优先使用南水北调水，由于马河水库上游在济宁市，暂时无法划定保护区，水源存在安全隐患，可作为城市饮用水备用水源，农业用水和生态用水通过适度增加南四湖取水量。

第三节　水资源配置措施

枣庄市的水资源量虽然相对较为丰沛，但缺少优质水源，尤其在95%保证率下，2025年枣庄市全市缺水高达9 883万 m^3。“十四五”期间，随着南水北调二期相关续建工程的实施，将新增年供水能力1.56亿 m^3，但在95%保证率下，2035年全市依然存在4 011万 m^3/a的缺口。枣庄市水资源的可供水总量可以满足城市需水量，但由于存在水资源时空分布不均、工程型缺水及水质型缺水等问题，枣庄市必须优化配置水资源，实现水资源的可持续利用。农业用水保证率对全市的水资源优化配置起着关键性的作用。农业用水保证率较低时，全市用水的经济效益较大；相反，当提高农业用水保证率时，工业及第三产业可优化的水资源量减少，导致经济效益下降。因此，在枣庄全市实现农业节水灌溉，可以提高农业生产用水的效率，间接扩大枣庄市的可优化水资源量，给其他工业的发展提供较多的用水空间。用水部门必须推行新的用水制度，提高水的利用效率，将节水增效作为水资源利用的考核措施。具体而言，有以下措施。

（1）对农业生产用水实施严格的计划，并对部分农田进行限量供水，供水定额适当减少30%～50%，确保高效农业的用水需求。可以在滕州市农业缺水较为频繁的地区划定试验区域，继而推广实施。

（2）对于用水量大、效益低的企业及用水大户应加强监管，以确保用水效率高的重点工矿企业用水的需求，并将富余水量调控给其他用水部门。

（3）在枯水年份，南四湖引水工程可供水量也将受到影响，可在各区（市）之间，甚至市际间进行宏观协调，适当增加可供水资源量。

（4）各区（市）行政主管部门必须配合水资源管理部门，做好宣传工作，制定切实可行的供水和节水措施，抓好计划供水和节约用水，保证人民生活用水，尽可能减少工业、农业因水资源缺乏而受到的损失。

（5）解决枣庄市的水资源紧张状况，应加强全市节水型社会建设，落实创建国家节水型城市相关措施与安排，实施水资源的优化调度和管理，做到水资源的多目标综合利用，最大限度地利用水资源，充分发挥其经济效益。

（6）近期，需加快取用南四湖供水工程及南水北调水、岩马水库及庄里水库水量置换工程。经过水资源二次平衡分析，除滕州市，其他市（区）城市公共生活均是工程型缺水，根据各市（区）城市公共生活用水量分析，需相应新建、改扩建水厂规模。滕州市经过2025年水资源配置，生活供水依然存在1 278万 m^3/a 的缺口，需寻找新的水源。

第八章

水资源保护与生态修复

水资源系统工程包括对水资源的规划、治理、控制、保护和管理。在解决庞大的水资源系统问题时，如何处理好系统空间的复杂性，保证系统时间结构的连贯性，以及合理解决大型水利工程中生态环境问题等都是水资源系统工程需要研究、完善和提高的主要课题。因此，水资源保护与生态修复也是水资源综合规划必不可少的部分。本章通过分析梳理枣庄市地表水环境、地下水环境、集中式饮用水水源地及水生态存在的主要问题，制定合适的水资源保护和生态修复措施，确保在水资源开发利用的同时水资源环境得到切实保护，实现社会经济发展和水资源保护的内在统一。

第一节　范围及目标

范围：枣庄市范围内的地表水、地下水、饮用水水源地。

目标：根据枣庄市排污状况和水质污染特点，统一采用化学需氧量(COD)和氨氮作为污染必控以及常规指标。保护与修复目标的制定结合了枣庄的实际情况，突出客观性、科学性及可行性。

(1) 近期 2025 年：全市水体的水质状况得到很大的改观，基本消除全市主要河道的黑臭现象，避免突发性污染事故。城市集中式饮用水水源地水质达到或优于Ⅲ类比例总体高于 98%，地下水质量考核点位水质稳中趋好；城市集中式饮用水水源地、南水北调输水水质安全得到有效保障，污染物排放量在水环境承载力范围以内。水资源节约和再生水循环利用体系逐步建立，生态环境承载能力明显提高，以高耗水、高污染为代价的经济发展方式发生明显改变。

(2) 远期 2035 年：各水体功能区水质达到国家规定的水质标准，污水排放与治理基本达到平衡，初步建成水质良好、水生态平衡的水环境，实现水功能区目标，基本实现水资源和水生态系统的良性循环。

第二节 水资源保护

一、地表水资源保护

(一) 污染源现状调查与评价

1. 资料来源

(1) 工业污染源

资料来源于枣庄市提供的 2019 年枣庄市环境质量报告，2019 年枣庄市规模以上工业企业 1 457 家。

(2) 城镇及农村生活污染源

资料来源于枣庄市提供的《枣庄市统计年鉴 2019》中户籍人口以及第六次人口普查数据。根据第六次人口普查中城镇、农村户籍人口比例，将 2018 年户籍人口拆分成城镇、农村户籍人口。2018 年枣庄市各区(市)人口分布情况见表 8.2-1。

表 8.2-1 2018 年枣庄市各区县人口分布表

各区(市)	总人口(万人)	城镇人口(万人)	农村人口(万人)	城镇化率(%)
市中区	59	43	16	73
薛城区	58	34	24	58
峄城区	43	15	28	35
台儿庄区	34	12	23	34
山亭区	54	12	41	23

续表

各区(市)	总人口(万人)	城镇人口(万人)	农村人口(万人)	城镇化率(%)
滕州市	175	86	89	49
合计	423	202	221	48

以2018年人口为基数,根据枣庄市卫生健康委员会提供资料中的人口增长率及城镇化率要求,考虑城市化动态迁徙因素,预测得出2025年、2035年枣庄市人口分布情况见表5.2-1。

(3) 养殖业及农田面源

枣庄市牲畜养殖数据来源于枣庄市提供的《枣庄市统计年鉴2019》中的规模化养殖场养殖数据等资料。2018年枣庄市各区(市)牲畜养殖情况见表8.2-2。枣庄市2018年耕地面积和林地果园面积等种植业数据来源于枣庄市提供的土地利用现状图,经统计,2018年枣庄市种植业面积为1 914 141亩(1 276.1 km^2,含水田与水浇地),见表8.2-3。枣庄市各类污染源排污系数见表8.2-4。

表8.2-2 2018年枣庄市各区(市)牲畜养殖情况 单位:头(只)

各区(市)	大牲畜	小牲畜	合计
枣庄市	40 153	1 372 001	1 412 154
市中区	2 416	92 180	94 596
薛城区	1 713	91 182	92 895
峄城区	7 044	122 612	129 656
台儿庄区	17 791	166 651	184 442
山亭区	486	247 701	248 187
滕州市	10 703	651 675	662 378

表8.2-3 2018年枣庄市各区(市)种植业面积 单位:亩

各区(市)	水田	水浇地	合计
枣庄市	15 787.5	1 898 354	1 914 141
市中区	73.5	67 758	67 831.5
薛城区	0	59 493	59 493
峄城区	0	62 574	62 574
台儿庄区	14 241	449 629.5	463 870.5

续表

各区(市)	水田	水浇地	合计
山亭区	0	126 820.5	126 820.5
滕州市	1 473.9	1 132 079	1 133 552.4

表 8.2-4 枣庄市各类污染源排污系数表

城市生活排污系数 [g/(人·d)]		农村生活排污系数 [g/(人·d)]		标准农田排污系数 [kg/(亩·a)]	
COD	NH_3-N	COD	NH_3-N	COD	NH_3-N
60	20	20	5	1.5	0.3

2. 入河量计算一般方法

(1) 工业污染物入河量

$$W_I=(W_{IP}-\theta_1)\times\beta_1 \tag{8.2-1}$$

其中：W_I 为工业污染物入河量；W_{IP} 为工业污染物排放量；θ_1 为被污水处理厂处理掉的工业污染物量；β_1 为工业污染物入河系数，取值为 0.8～1.0。

(2) 农村生活污染物入河量

$$W_{生1}=W_{生1P}\times\beta_2 \tag{8.2-2}$$

其中：$W_{生1}$ 为农村生活污染物入河量；$W_{生1P}$ 为农村生活污染物排放量；β_2 为农村生活污染物入河系数，取值为 0.2～0.5。

$$W_{生1P}=N_{农}\times\alpha_1\times\theta_S \tag{8.2-3}$$

其中：$N_{农}$ 为农村人口数；α_1 为农村生活排污系数；θ_S 为已经过分散式设施处理及纳入城镇管网处理掉的农村生活污染物量。

(3) 城镇生活污染物入河量

$$W_{生2}=(W_{生2P}+\theta_2)\times\beta_S \tag{8.2-4}$$

其中：$W_{生2}$ 为城镇生活污染物入河量；$W_{生2P}$ 为城镇生活污染物排入河道内的量；β_S 为城镇生活污染物入河系数，取值为 0.6～1.0；θ_2 为污水处理厂排放的城镇生活污染物部分的量。

$$W_{生2P}=N_{城}\times\alpha_2 \tag{8.2-5}$$

其中：$N_{城}$ 为城镇人口数(未接入城市污水管网的部分)；α_2 为城镇生活排污

系数。

（4）农田污染物入河量

$$W_{农}=W_{农P}\times\beta_4\times\gamma_1 \tag{8.2-6}$$

其中：$W_{农}$为标准农田污染物入河量；$W_{农P}$为标准农田污染物排放量；β_4为标准农田入河系数，取值为0.1～0.3；γ_1为修正系数。

$$W_{农P}=M\times\alpha_S \tag{8.2-7}$$

其中：M为标准农田面积；α_S为标准农田排污系数。

本次规划根据枣庄市提供的现有相关资料并结合枣庄市污染源现状调查情况，参考入河量计算一般方法，采用总排放量减去枣庄市污水处理厂污染物处理量，得到总入河量。其中污染物处理量主要来自城市污水。

3. 现状年污染物排放量汇总

枣庄市共统计工业、城镇生活、农村生活、农业四类污染源，采用两类指标进行量化，分别为COD、氨氮。枣庄市各区（市）污染物排放量汇总见表8.2-5和表8.2-6。

表8.2-5　2018年枣庄市各区（市）COD排放量　　单位：t/a

行政区域	工业	城镇生活	农村生活	种植业	畜禽养殖	合计
市中区	214.5	9 385	1 168.6	101.7	340.3	11 210.1
薛城区	371.9	7 381.7	1 756.2	89.2	313.6	9 912.6
峄城区	181.5	3 281.5	2 027.2	93.8	582.9	6 166.9
台儿庄区	142.3	2 528.9	1 654.6	695.8	1 071.5	6 093.1
山亭区	120.7	2 730.7	3 014.4	190.2	710.1	6 766.1
滕州市	1 044.1	18 891.9	6 492.3	1 700.3	2 188.6	30 317.2
合计	2 075	44 199.8	16 113.5	2 871.2	5 206.8	70 466.3

表8.2-6　2018年枣庄市各区（市）氨氮排放量　　单位：t/a

行政区域	工业	城镇生活	农村生活	种植业	畜禽养殖	合计
市中区	10.8	1 564.1	292.1	20.3	42.1	1 929.4
薛城区	18.6	1 230.2	439.1	17.8	37.6	1 743.3
峄城区	9.1	546.9	506.8	18.8	79.0	1 160.6

续表

行政区域	工业	城镇生活	农村生活	种植业	畜禽养殖	合计
台儿庄区	7.1	421.4	413.6	139.2	156.7	1 138
山亭区	6.0	455.1	753.6	38.0	77.2	1 329.9
滕州市	52.3	3 148.6	1 623.1	340.1	259.7	5 423.8
合计	104	7 366.6	4 028.3	574.2	652.3	12 725.4

4. 污染物处理量

(1) 污水处理厂现状

截至2018年，枣庄市共建成11座污水处理厂。2018年全市污水排放总量达11 137万 m^3，污水收集总量为12 833万 m^3，污水处理总量为10 836万 m^3，市政再生水利用量为5 100 m^3。详见表8.2-7、图8.2-1。

表8.2-7　2018年污水处理厂信息　　单位：t/a

序号	名称	设计规模（万t/d）	负荷运转率	目前设计出水水质标准	备注
1	枣庄市市中区污水处理厂	10	92%	一级A	
2	枣庄市汇泉污水处理厂	6	94%	一级A	市中区
3	枣庄市薛城区污水处理厂	8	75%	一级A	
4	枣庄市新城污水处理厂一期	2	43.4%	一级A	薛城区
5	枣庄市同安水务有限公司	4	92%	一级A	台儿庄区
6	枣庄市峄城区污水处理厂	4	83%	一级A	
7	枣庄市山亭区污水处理厂一期	2	66%	一级A	
8	枣庄高新区绿源污水处理厂	2	72%	一级A	山亭区
9	滕州市第一污水处理厂	8	85%	一级A	
10	滕州市第二污水处理厂一期	8	89%	一级A	
11	滕州市第三污水处理厂一期	6	102%	一级A	
合计		60			

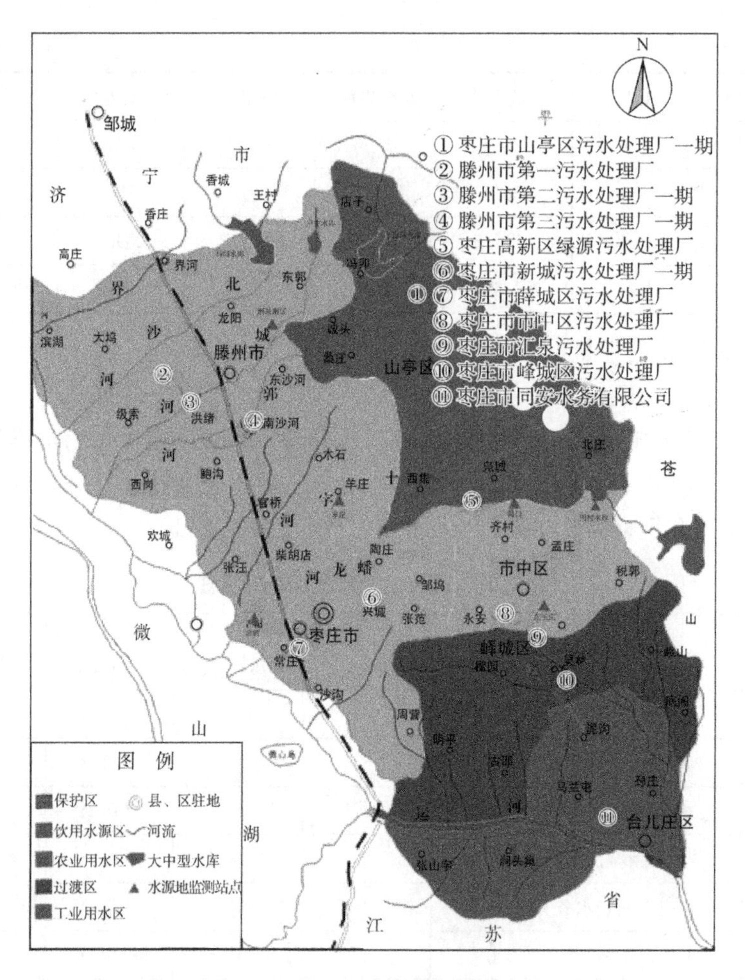

图 8.2-1　枣庄市污水处理分布图

(2) 现状年各类污染源削减量计算及汇总

根据枣庄市 2018 年污水处理总量计算得出 2018 年全市污水处理规模为 30 万 t/d。现状年污水处理厂污染物削减量公式如下：

$$R = \Delta Q \times \Delta C \times D \times 10^{-2} \tag{8.2-8}$$

式中：ΔQ 为各区(市)污水处理厂实际处理水量(万 t/d)；ΔC 为污水处理厂污染物进出水浓度差(mg/L)，取各区(市)浓度差的平均值，其中 COD 浓度差取 181 mg/L，氨氮浓度差取 25 mg/L。

根据以上公式计算出现状年污水处理厂可削减的污染物量，详见表 8.2-8。

表 8.2-8 2018 年枣庄市污水处理厂实际处理量以及污染物削减量

各区(市)	市中区	薛城区	峄城区	台儿庄区	山亭区	滕州市	合计
实际处理量(万 t/d)	10	2	2	2	2	12	30
COD 削减量(t/a)	6 605.5	1 321.3	1 321.3	1 321.3	1 321.3	7 927.8	19 818.5
氨氮削减量(t/a)	912.5	182.5	182.5	182.5	182.5	1 095	2 737.5

5. 污染物入河量及排放量特征分析

(1) 污染物入河量

现状年各类污染源入河量＝污染物排放量－污染物削减量，结果见表 8.2-9。

表 8.2-9 2018 年枣庄市各区(市)污染物入河量 单位：t/a

各区(市)	市中区	薛城区	峄城区	台儿庄	山亭区	滕州市	合计
COD 入河量	4 604.6	8 591.3	4 845.6	4 771.8	5444.8	22 389.4	50 647.8
氨氮入河量	1 016.9	1 560.8	978.1	955.5	1 147.4	4 328.8	9 987.9

(2) 污染源特征分析

2018 年枣庄市 COD、氨氮排放量分别为 70 466.3 t/a、12 725.4 t/a；现状年削减量分别为 19 818.5 t/a、2 737.5 t/a，入河量分别为 50 647.8 t/a、9 987.9 t/a。枣庄市各类污染源排放量所占比例见图 8.2-2 和图 8.2-3。

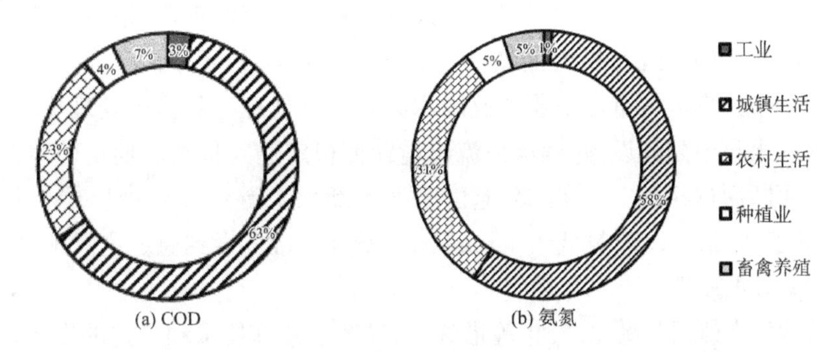

图 8.2-2 2018 年枣庄市各类污染源 COD 和氨氮排放量对比图

从各类污染物的排放量构成来看，2018 年枣庄市 COD 排放量：城镇生活＞农村生活＞畜禽养殖＞种植业＞工业；氨氮排放量：城镇生活＞农村生活＞畜禽养殖＝种植业＞工业。总的来说，2018 年枣庄市污染物主要来源于居民生活。

（3）区域特征分析

2018 年枣庄市各区（市）COD、氨氮排放量及入河量见图 8.2-3。由图可见，2018 年枣庄市各区（市）由于在人口数量、土地利用类型、产业结构等方面存在差异，各类污染物排放量、入河量也各不相同，其中滕州市各类污染物排放量、入河量较高。

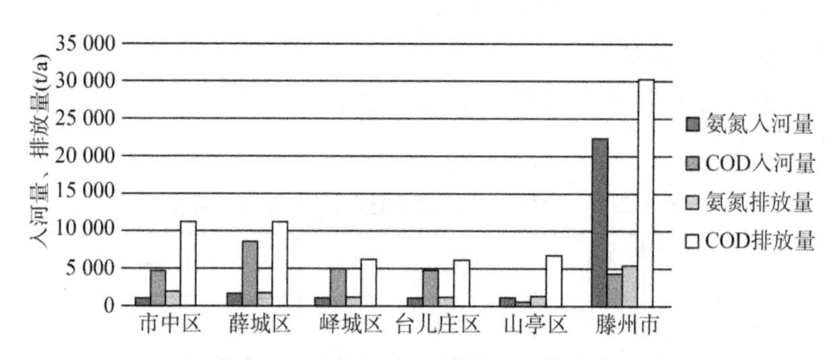

图 8.2-3　2018 年枣庄市各区（市）COD、氨氮排放量及入河量

（二）污染物削减方案

1. 以污染物减排为重点，加强工业水污染防治

（1）提标改造

全面实施工业污水治理工程升级改造和提标深度治理，严格控制特征污染物的排放。确保规划年内钢铁、电力、化工行业等重点行业污水排放稳定达标。全市聚集区内重点工业企业废水必须经预处理达到集中处理要求，方可进入污水集中处理设施，确保河流出境断面稳定达到Ⅲ类水划定的生态红线。按照断面达标优先原则，倒逼位于河流断面上游污水处理厂严格执行 COD 低于 25 mg/L、氨氮低于 1 mg/L 的“枣庄标准”，做到稳定达标排放。

（2）节水减排

采取推广、限制、淘汰、禁止等措施，引导节水减排技术和工艺的发展。努力提高工业用水重复率，循环用水，一水多用。规划年万元工业增加值用水量较 2018 年降低 11%以上，规模以上工业用水重复利用率达到 92.5%以上。

（3）关停搬迁改造

对生产工艺落后、生产效率低下、不能达标排放、严重污染环境的工业企业坚决实施停产整顿，限期全面淘汰和关闭一批化工、冶金、造纸、酿造、印染等重污染企业。

制定实施差别化区域环境准入政策，从严审批高耗水、高污染排放、产生有毒有害污染物的建设项目，继续实行最严格水资源管理制度，严格水资源“三条红线”管理，形成“倒逼机制”，促进全市经济发展方式的进一步转变，杜绝高耗水、高污染项目落户。

(4) 清洁生产

构建生态工业园区。坚持“清洁生产为减污增效服务、为环境管理服务”的方针，纳入更多企业作为强制性清洁生产审核企业，逐步全面推广实施强制性清洁生产。

(5) 化工园的排水改造与废水集中处理

实施雨污分流与清污分流，确保化工园区排水畅通，污水得到有效处理，实现稳定达标排放。化工园区逐步推行“一企一管”和地上管廊的建设与改造，没有单独设立污水处理系统的市级以上工业园区推进污水处理系统建设，确保园区污水有效收集处理、达标排放。

2. 加大城市污水处理设施建设力度，持续削减生活水污染物

(1) 统筹城乡污水处理，完善污水收集，推进中水回用工程

优化调整污水系统，统筹管网布局。协调增强城乡污水处理能力，加快污水处理厂新建、扩建和改建步伐，坚持各区域人口规模、产业结构、土地开发与水务支撑条件相协调，减小或消除区域之间、城乡之间水务基础设施差距。推进雨污水管网改造和管护工作，污水管网的建设应因地制宜，分门别类，力争做到铺设一根，收集一片。在城市主次道路下建设污水管道，形成污水主次干管网。按汇水片区，逐一对片区进行彻底改造，从源头上雨污分流。新建项目须严格按照雨污分流的排水体制铺设管道，对合流制或接管混乱的建成区进行逐步改造，改一片成一片，保证改造质量。同时针对污染物排放量大和水环境容量较小的地区，如薛城区和滕州市，在污水排放入河口应建设人工湿地工程，植被的选取采用易于存活、便于运输、景观效果好及吸收污染物效果较好的本地植物，人工湿地面积需要约 1.2 hm^2，预计 COD、氨氮出水浓度可削减 70%和 80%。

(2) 推进尾水提标，协调资源配置，促进尾水循环利用

鼓励建设高标准环境友好型污水处理厂，全面实施城镇污水处理厂尾水提标工作，全市城镇生活污水处理厂尾水在稳定达到一级 A 的基础上，全部

执行提标改造，并优于地表水准Ⅳ类标准。有条件的区域，污水处理厂尾水进行湿地生态处理。结合枣庄市"十四五"水务规划以及相关规划，在规划层面为污水处理设施预留足够的建设用地。同时加强再生水利用设施建设，完善相关政策，提高污水处理厂尾水再生水利用率，近期达到20%、中期达到25%、远期达到30%。

(3) 规划年污水处理厂污水产生量

考虑到规划年内各区(市)城镇生活、农村生活、工业和第三产业用水量的增加，计算各区(市)规划年各行业用水量，除以365天再乘以排污系数(城镇取0.8，农村取0.65，工业取0.75，第三产业取0.3)，得出规划年内全市每天污水处理厂的污水产生量，汇总结果见表8.2-10。

表8.2-10 规划年枣庄市污水产生量汇总表 单位：万t/d

规划年	市中区	薛城区	峄城区	台儿庄区	山亭区	滕州市	合计
2025年	6.98	8.66	5.06	4.12	5.08	24.31	54.20
2035年	8.02	9.63	5.68	4.67	5.93	26.81	60.73

结果表明，2025年枣庄市污水产生量为54.2万t/d，2035年枣庄市污水产生量为60.73万t/d。考虑到污水处理厂规模效益及城镇布局特征，规划将30%的农村生活污水纳入城市污水处理厂进行集中处理。由于不同时段处理的污水量有高峰、低峰的差别，考虑污水处理不均匀系数，城市、农村、第三产业取平均值1.2，确定各区(市)城市污水处理厂规模。同时考虑到70%的农村污水需要通过分散式污水处理设施进行处理，因此70%的农村污水乘以不均匀系数1.2，得出农村分散式污水处理规模，城市污水处理厂及农村分散式污水处理设施规模见表8.2-11。

表8.2-11 规划年枣庄市污水处理规模 单位：万t/d

规划年	市中区	薛城区	峄城区	台儿庄区	山亭区	滕州市	合计
城市污水处理厂规模							
2025年	7.26	8.82	4.84	3.96	4.66	23.88	53.42
2035年	8.53	10.05	5.54	4.59	5.65	26.93	61.27
农村分散式污水处理设施规模							
2025年	0.66	0.78	0.84	0.68	1.18	3.07	7.21
2035年	0.68	0.79	0.92	0.73	1.24	3.21	7.56

3. 严格控制农业养殖与面源污染，加强农村生活污染治理

(1) 加大化肥农药污染治理力度

农业生产中使用的肥料和农药富含氮磷，加重了水体污染，必须加大治理力度。引导农民积极调整种植结构，发展有机农业和生态农业，建设无公害农产品、绿色食品和有机食品生产基地。大力提高农业标准化生产水平，全面推广测土配方施肥、农药减量增效控污等先进实用技术，实行农药化肥用量总量控制，减少化肥、农药使用量。根据《山东省耕地质量提升规划(2014—2020年)》以及《山东省乡村振兴战略规划(2018—2022年)》提出的要求，自2018年开始实施化肥农药使用量零增长计划，到2022年农药化肥利用率提高到40%，农药化肥用药量减少30%以上。同时枣庄市作为山东省耕地质量提升综合防治示范推广区之一，2025年、2030年、2035年农药化肥用药量分别可削减50%、70%、90%，COD平均削减比例分别为90.2%、90.6%、90.8%，氨氮平均削减比例分别为96.3%、96.4%、96.5%。

(2) 加大养殖污染治理力度

划定养殖控制范围，重要河湖保护区域内禁止新发展畜禽、水产养殖，对现有养殖场进行搬迁和调整压缩。切实加强畜禽养殖污染治理，积极推广集中养殖、集中治污。对规模化畜禽养殖场，按照工业污染防控要求，实施排污许可、排污申报和排污总量控制制度。积极采用生产沼气、有机肥料等方式，加强畜禽粪便的资源化利用。从政策或法律层面上，对饲料、兽药、宰杀、畜禽产品买卖等进行严格监督管理，规范养殖流程和市场格局。不断增强养殖户的环保意识，适当组织开展一些环保教育宣传工作，使农户意识到环境污染的危害，并积极参与环境治理。

(3) 加强农村生活污染治理

农村生活污水的控制方式以分散式为主，根据不同地区、不同经济水平确定合适的处理方式。散户及联户，即以单户或几户居住很近的单元就地排放的生活污水，宜根据不同情况采用庭院式处理模式，如：灰水采用庭院式小型湿地处理、小型净水槽，粪污采用沼气池处理，结合沼液贮存池实现农牧结合土壤消纳。对于连片居住的，仍然采用分散处理模式，即将农户污水分区进行收集，根据规模的不同，采取不同方式，以无动力和低能耗水处理工艺为主。村镇废水处理可根据经济水平进行区分，通常可采用常规动力水处理技术(包括活性污泥法、生物膜法相关处理工艺)和低动力或无动力处理技术(通常为沉淀技术、人工湿地处理技术、土地处理技术、人工塘处理技术等的组合)。

4. 实施排污口整治工程，优化入河排污口设置

根据水功能区要求和水功能区的入河控制方案，结合污水处理设施建设，对现有取、排水口进行优化调整并实施整治。确保污水处理厂处理达标后集中排放，合并部分靠近的排污口，通过集中处理设施处理达标后排放；对纳污能力小于现状排放量的功能区，建议对排污企业集中整治，提高企业生产工艺水平，减少污水排放，关闭小型重污染企业，严格限制污染物排放，加强排污口水质监测。薛城区和高新区实施城乡供水管网、排水管网、污水处理管网同城化、一体化连通工程建设，解决各自为政、管网不连不通问题，加快薛城区与高新区同城化、一体化供水排水工程，提高城市供排水保障能力，落实以水定城、以水定产、以水定人的要求。

5. 加强水(环境)功能区的管理

制定并完善水资源保护法规体系，建立科学的水管理体制。严格执法，依法行政，为使水功能区的管理科学化、规范化，必须细化水功能区管理方案，制定水功能区管理的相关技术标准，并根据水功能区的保护目标，落实相关水功能区的保护责任，使水域纳污总量控制责任到各分区。加大饮用水水源地建设保护力度，推动建设应急备用水源地。交通道路建设、城市建设和工业园区规划建设必须避让饮用水水源地。针对当前饮用水水源供水能力已经饱和的现状，根据各区(市)开展的饮用水水资源论证，增加新的饮用水水源地，提高饮用水水源供给保障能力。当前岩马水库和庄里水库水质较好，建议立即开展饮用水水源地保护区划分工作，实施水库周边污水减排和保护措施。

6. 加强地下水保护

建立并完善地下水的动态监测网络，推广应用新技术、新设备，提高地下水监测能力，初步建立全市地下水污染监控体系。严格控制地下水的开发利用，加强长期、动态监测工作。加强对地下水保护与管理的立法，严格执行取水许可制度，规范地下水资源管理。继续调整全市用水结构。充分发挥水资源税的杠杆调节作用，加大南水北调水、中水、矿坑水的利用量，积极支持建设地表水工程，压减地下水的利用量。开展枣庄市地下水污染现状的控制技术研究和应用，建立地下水污染预警系统，制定应急预案。在以上污染治理措施落实到位的基础上，规划2025—2035年枣庄市水体纳污能力能够支撑枣庄市未来经济社会发展的需要。

（三）规划年污染物入河量计算

1. 规划年污染物排放总量

由表 8.2-12 至表 8.2-14 可见，规划年间由于枣庄市城镇化率不断提高，农村人数不断减少，城镇生活 COD、氨氮污染物排放量不断提高，农村生活污染物排放量不断减少，污染物排放量较高的市区有滕州市、市中区和薛城区，虽然滕州市城镇化率低于市中区和薛城区，但其污染物排放量都高于这两区之和。

表 8.2-12 规划年枣庄市各区(市)COD 排放量 单位：t/a

行政区域	规划年	工业	城镇生活	农村生活	种植业	畜禽养殖	合计
市中区	2025 年	221.8	9 942.2	1 104.6	105.8	350.5	11 724.9
	2035 年	239.9	10 707.6	1 006.6	114.4	371.8	12 440.3
薛城区	2025 年	384.5	9 106.3	1 300.9	92.8	323.0	11 207.5
	2035 年	415.9	9 969.1	1 167.5	100.3	342.6	11 995.4
峄城区	2025 年	187.7	5 391.9	1 412.1	97.6	600.3	7 689.6
	2035 年	203.0	5 882.8	1 362.6	105.5	636.9	8 190.8
台儿庄区	2025 年	147.1	4 314.9	1 130.1	723.6	1 103.7	7 419.4
	2035 年	159.1	4 707.7	1 090.4	782.7	1 170.9	7 910.8
山亭区	2025 年	124.8	6 174.8	1 977.5	197.8	731.4	9 206.3
	2035 年	135.0	7 021.3	1 838.9	213.9	775.9	9 985.0
滕州市	2025 年	1 079.6	24 068.3	5 129.3	1 768.3	2 254.2	34 299.7
	2035 年	1 167.6	26 558.4	4 766.9	1 912.6	2 391.5	36 797.0
合计	2025 年	2 145.6	58 998.7	12 054.7	2 986.0	5 363.0	81 548.0
	2035 年	2 320.4	64 846.9	11 233.2	3 229.7	5 689.6	87 319.8

表 8.2-13 规划年枣庄市各区(市)氨氮排放量 单位：t/a

行政区域	规划年	工业	城镇生活	农村生活	种植业	畜禽养殖	合计
市中区	2025 年	11.2	1 657.1	276.1	21.1	43.5	2 009.0
	2035 年	12.1	1 784.6	251.6	22.8	46.1	2 117.2
薛城区	2025 年	19.2	1 517.7	325.2	18.5	38.7	1 919.3
	2035 年	20.8	1 661.5	291.8	20.0	41.1	2 035.2

续表

行政区域	规划年	工业	城镇生活	农村生活	种植业	畜禽养殖	合计
峄城区	2025 年	9.4	898.6	353.0	19.6	81.5	1 362.1
	2035 年	10.2	980.4	340.6	21.1	86.4	1 438.7
台儿庄区	2025 年	7.3	719.1	282.5	144.8	161.4	1 315.1
	2035 年	7.9	784.6	272.6	156.6	171.2	1 392.9
山亭区	2025 年	6.2	1029.1	494.3	39.5	79.5	1 648.6
	2035 年	6.7	1 170.2	459.7	42.7	84.4	1 763.7
滕州市	2025 年	54.1	4 011.3	1 282.3	353.7	267.5	5 968.9
	2035 年	58.5	4 426.4	1 191.7	382.6	283.8	6 343.0
合计	2025 年	107.5	9 833.1	3 013.6	597.2	672.1	14 223.5
	2035 年	116.3	10 807.8	2 808.3	645.9	713.0	15 091.3

表 8.2-14　枣庄市各区(市)污染物排放总量计算汇总　单位:t/a

规划年	污染物	市中区	薛城区	峄城区	台儿庄区	山亭区	滕州市	合计
2025 年	COD	11 724.9	11 207.5	7 689.6	7 419.4	9 206.3	34 299.7	81 548.0
	氨氮	2009.0	1 919.3	1 362.1	1 315.1	1 648.6	5 968.9	14 223.5
2035 年	COD	12 440.3	11 995.4	8 190.8	7 910.8	9 985.0	36 797.0	87 319.8
	氨氮	2 117.2	2 035.2	1 438.7	1 392.9	1 763.7	6 343.0	15 091.3

2. 规划年污染源治理工程实施后污染物入河量计算

根据上节规划提出的污染削减控制工程正常实施并发挥效益后,计算出规划年污染物入河量是否达到水环境容量的标准。

(1) 规划年污染物入河量计算

① 规划年城镇污水处理厂污染物入河量计算

根据表 8.2-14 计算得出的规划年枣庄市污水产生总量,按照“应收尽收”的原则,包括城镇生活、农村生活、工业以及第三产业,全部通过城市污水处理厂处理,并且要以低于一级 A 标准的出水浓度进行排放,达到地表水环境质量Ⅲ～Ⅳ类标准。COD 出水浓度取 20 mg/L,氨氮取 1.5 mg/L,得出城镇污水处理厂污染物入河量。同时考虑到薛城区和滕州市水环境容量较小,因此在此基础上建设人工湿地工程来进一步削减 COD 和氨氮出水浓度,分别取 6 mg/L 和 0.3 mg/L,规划年枣庄市城镇污水处理厂污染物入河量总表见表 8.2-15。

表 8.2-15　规划年枣庄市城镇污水处理厂污染物入河量　单位：t/a

规划年	污染物	市中区	薛城区	峄城区	台儿庄区	山亭区	滕州市	合计
2025 年	COD	509.5	189.7	369.4	300.8	370.8	532.4	2 272.6
	氨氮	25.5	15.8	18.5	15.0	18.5	26.6	119.9
2035 年	COD	585.5	210.9	414.6	340.9	432.9	587.1	2 571.9
	氨氮	29.3	17.6	20.7	17.0	21.6	29.4	135.6

② 规划年畜禽养殖治理工程污染物入河量计算

畜禽养殖污染治理效果主要按畜禽养殖场治理和关闭禁养区规模养殖场两种情况进行分析。2018 年枣庄市规模化畜禽养殖污染物 COD、氨氮处理率不足 70%，规划期间通过养殖场治理工程的实施，2025 年、2030 年、2035 年畜禽养殖 COD、氨氮污染物平均处理率分别需提高至 88.8%、95.4%，89.2%、95.6%，89.5%、95.7%；规模化畜禽养殖废水利用率现状达到 70%；规划 2025 年、2030 年、2035 年全市规模化畜禽养殖废水利用率分别达到 92%、92.5%、93%以上；规模化畜禽粪便综合利用率现状为 80%，规划 2025 年、2030 年、2035 年规模化畜禽粪便综合利用率分别达到 97.5%、98%、98.5%以上。根据枣庄市 2017 年公布的《枣庄市畜禽养殖污染防治规划(2017—2020 年)》，畜禽养殖禁养区内严禁新建、改建、扩建各类畜禽养殖场，现有各类畜禽养殖场必须关停转迁。限养区内不得新建、扩建畜禽养殖场，对现有的畜禽养殖场进行限期治理，落实污染防治措施。各规划年按照禁养区内规模养殖场全部关停，考虑禁养区外规模养殖场治理效率提高，计算畜禽养殖污染物削减量。规划年畜禽养殖业治理工程污染物削减量计算结果见表 8.2-16，入河量见表 8.2-17。

表 8.2-16　规划年枣庄市畜禽养殖污染物削减量汇总表　单位：t/a

规划年	污染物	市中区	薛城区	峄城区	台儿庄区	山亭区	滕州市	合计
2025 年	COD	317.1	311.0	476.8	821.8	646.2	2 190.6	4 763.6
	氨氮	42.4	38.1	74.5	143.8	77.1	265.7	641.7
2035 年	COD	338.4	330.7	513.9	890.4	692.6	2 328.6	5 094.7
	氨氮	45.0	40.5	79.4	153.6	82.1	282.0	682.5

表 8.2-17 规划年枣庄市畜禽养殖污染物入河量汇总表 单位:t/a

规划年	污染物	市中区	薛城区	峄城区	台儿庄区	山亭区	滕州市	合计
2025 年	COD	33.4	12.0	123.5	281.9	85.2	63.6	599.4
	氨氮	1.1	0.6	7.0	17.6	2.4	1.8	30.4
2035 年	COD	33.4	11.9	123.0	280.5	83.3	62.9	594.9
	氨氮	1.1	0.6	7.0	17.6	2.3	1.8	30.5

③ 规划年种植业治理工程污染物入河量计算

农田面源污染物削减主要通过减少化肥、农药使用量,积极推广应用高效、低毒、低残留农药,推行农作物病虫害统防统治和物理、生物等绿色防治技术,减少化学农药施用。积极开展测土配方施肥工作,继续加强测土配方施肥示范方创建活动,引导农民科学施肥。按照测土到田、配肥到厂、供肥到点、用肥到户的总体目标,进一步健全测土配方施肥工作的一体化服务运行机制,扩大技术覆盖面和普及率。枣庄市各规划年预计种植业污染物削减量见表 8.2-18,入河量见表 8.2-19。

表 8.2-18 规划年枣庄市种植业污染物削减量汇总表 单位:t/a

规划年	污染物	市中区	薛城区	峄城区	台儿庄区	山亭区	滕州市	合计
2025 年	COD	95.7	89.3	77.5	538.8	174.8	1 718.4	2 694.6
	氨氮	20.6	18.2	17.9	129.0	38.3	351.3	575.3
2035 年	COD	104.1	96.8	85.1	595.2	190.9	1 862.3	2 934.5
	氨氮	22.2	19.7	19.4	140.5	41.5	380.2	623.5

表 8.2-19 规划年枣庄市种植业污染物入河量汇总表 单位:t/a

规划年	污染物	市中区	薛城区	峄城区	台儿庄区	山亭区	滕州市	合计
2025 年	COD	10.1	3.5	20.1	184.8	23	49.9	291.4
	氨氮	0.5	0.3	1.7	15.8	1.2	2.4	21.9
2035 年	COD	10.3	3.5	20.4	187.5	23	50.3	295.2
	氨氮	0.6	0.3	1.7	16.1	1.2	2.4	22.4

(2) 规划年污染物入河量汇总

根据上述各类污染源治理工程和措施对规划年污染物排放量的削减计算结果，得到各类污染源污染物入河量汇总表，见表 8.2-20。由计算结果可知，上述各类污染源治理工程以及措施实施后，至 2025 年，COD、氨氮入河量分别为 4 847.4 t/a、250.1 t/a；至 2030 年，COD、氨氮入河量分别为 5 271.2 t/a、271.4 t/a；至 2035 年，COD、氨氮入河量分别为 5 323.4 t/a、274.6 t/a。

表 8.2-20　规划年枣庄市各区(市)污染物入河量汇总表　　单位：t/a

规划年	污染物	市中区	薛城区	峄城区	台儿庄区	山亭区	滕州市	合计
2025 年	COD	553.0	205.2	513.0	767.5	479.0	645.9	4 847.4
	氨氮	27.1	16.7	27.2	48.4	22.1	30.8	250.1
2035 年	COD	629.2	226.3	558.0	808.9	539.2	700.3	5 323.4
	氨氮	31.0	18.5	29.4	50.8	25.1	33.6	274.6

3. 规划年污染物总量控制达标分析

将第四章第三节计算得到的各规划年水环境容量与污染物入河量对比，进行污染物总量控制可达性分析，结果见表 8.2-21。由此可知，规划提出的污染控制工程正常实施并发挥效益后，枣庄市 2025 年 COD 和氨氮入河量均小于其污染物限制排放总量，说明通过近期污染控制工程，基本可消除市辖区内黑臭河道现象，水质较现状年有明显改善。2035 年 COD 和氨氮入河量均小于其水环境容量，说明到 2035 年继续实施规划的污染控制工程后，污染物入河量依然满足水环境容量要求，全市水环境质量在可控范围之内，全市河道水质达到水环境功能区水质要求。

表 8.2-21　规划年枣庄市各区(市)污染物总量控制可达性分析　　单位：t/a

规划年	项目		市中区	薛城区	峄城区	台儿庄区	山亭区	滕州市	合计
2025 年	水环境容量	COD	1 117.2	417.6	1 581.5	1 894.8	1 072.0	967.5	7 050.5
		氨氮	52.3	27.5	116.3	143.4	48.9	40.6	429.0
	污染物入河量	COD	553.0	205.2	513.0	767.5	479.0	645.9	4 847.4
		是否达标	是	是	是	是	是	是	是
		氨氮	27.1	16.7	27.2	48.4	22.1	30.8	250.1
		是否达标	是	是	是	是	是	是	是

续表

规划年	项目		市中区	薛城区	峄城区	台儿庄区	山亭区	滕州市	合计
2035年	水环境容量	COD	1 117.2	417.6	1 581.5	1 894.8	1 072.0	967.5	7 050.5
		氨氮	52.3	27.5	116.3	143.4	48.9	40.6	429.0
	污染物入河量	COD	629.2	226.3	558.0	808.9	539.2	700.3	5 323.4
		是否达标	是	是	是	是	是	是	是
		氨氮	31.0	18.5	29.4	50.8	25.1	33.6	274.6
		是否达标	是	是	是	是	是	是	是

二、地下水资源保护

枣庄市各规划水平年地下水开采总量严格控制在近几年地下水实际开采量4亿 m^3 以内,并逐步降低地下水用水量。新增长的农业、工业等需水量由地表水、污水处理回用及指标置换等方式解决,严格控制地下水开采量不再增加。地下水资源保护方案主要包括控采限量、节水压减、水源置换、回灌补源四个方面。控采限量主要是通过实行最严格水资源管理制度,对各镇街主要用水单位下达年度地下水开采量控制指标及用水计划,从严控制区域地下水开采量。节水压减主要是通过贯彻落实"节水优先"的原则,实施农业、工业、城镇生活等全方位节水,从而有效限制并逐步压减地下水开采量。水源置换主要是通过规划实施南水北调续建配套工程、各主要水库、非常规水利用等工程,对各类水资源进行统筹调度与优化配置,替代和置换地下水。回灌补源主要通过实施回灌补源工程,增加地下水补给量,使地下水位得到回升,稀释地下水污染物,从而改善地下水生态环境。

第三节　水生态修复

一、生态系统综合管理

地球上有无数大大小小的水生态系统,大到整个海洋,小到一个池塘等,都可看成是水生态系统。生态系统不论是自然的还是人工的,都具有一些共同特征。生态系统(Ecosystem)是给定空间区域中生物群落与非生物环境之间相互作用和相互依存的统一体。生态系统有一定的自我调节能力,生态系统的结构越复杂,物种数目越多,自我调节能力就越强,但其调节能力有一定的局限性,超过了限度,也就失去了作用。因此,自然生态系统的科学保护和合理利用是生态系统重要研究内容之一。

自然生态系统几乎属于开放系统,只有人工建立的、完全封闭的生态系统属于封闭系统。不考虑外部影响的生态系统是一个具备自我调控能力的科学系统,所以在通常情况下,生态系统能保持自身的生态平衡。理论上,一个生态系统对外界干扰在一定程度上和阈值内是具有自动适应和自调控能力的。对自然、半自然等各种生态系统自主控制的研究,将有助于研究由自然和人类活动导致的一系列生态环境变化的影响,理解生物多样性的重要性,以及种群和生态系统之间的影响机理。生态系统的自主调节功能是有限的,地震、泥石流、建设大规模人为工程,更甚者有毒物质的排放、特定的生物人工干涉等外部因素的引入会导致生态系统的自主调节功能遭到破坏,使生态系统不均衡,出现危机。而生态系统的危机是威胁人类生存、造成地区结构和功能乃至整个生物圈的不均衡的关键因素。因此,应该重视人类活动造成的系统逆向演化及其对系统结构的影响,重视生物资源恢复途径,防止人类与环境关系的不协调,用生态系统的理论和方法去管理我们的水域,使之成为健康和谐的系统。

生态系统综合管理理论在国际生态保护实践中已经得到广泛应用,也是实施山水林田湖草沙生态保护修复的核心理论基础,是运用系统工程思想和景观生态学理论解决资源环境生态问题的重要方法论。生态系统综合管理强调要以维护和提升区域生态系统服务功能为核心,统筹管理自然资源与环境、污染治理与生态保护、水—气—土—生物要素管理等,目标是保护生态系统原真性、完整性和生态服务功能,平衡生态环境保护与经济发展、资源利用的关系。其核心理念包括四个方面。

1. 生态系统服务价值的多目标综合管理

森林、草原、湿地、河流、山脉等环境要素既具有提供物质产品的经济价值,也具有维持生态系统平衡的生态价值,还具有丰富景观的美学价值和特定的历史文化价值。因生态系统具有资源属性,其在一定时间和空间上就会存在着开发利用与保护的冲突矛盾。确定生态系统综合管理目标是一个多目标权衡的过程,需要相关方充分参与,在充分理解各方利益诉求的基础上,进行取舍和均衡。从环境管理角度来讲，污染防治、生态保护与自然资源利用应实施统一管理，以有效平衡开发利用与保护的关系。

2. 各生态要素的综合统筹管理

森林、水、矿藏、生物等多种自然资源互为依托、互为基础，不能独立存在。管理生态系统须从全局视角出发，根据相关要素功能联系及空间影响范围，寻求系统性解决方案，而不仅是对生态要素分别采取单一治理对策。很多国家的生态环境管理和生态保护修复工程实施，都经历了从单一要素管理到多要素综合统筹的过程。

3. 最大限度采用近自然方法和生态化技术

生态系统保护修复的核心是修复“人与自然的关系”，在选择路径上要最大限度地采用近自然方法和生态化技术。例如，对于水生态修复而言，要以保护、建设良好的生物生存环境与自然景观为前提，采用生态护岸、自然弯曲河道等修复技术，不是单纯的污染治理和水泥硬化河道。森林恢复则要掌握原生植被分布和演替规律，尽量选用本土树种，对外来树种的引进应十分谨慎。近自然恢复技术从20世纪90年代开始已在欧美等发达国家得到应用，并取得了良好的生态效益和社会效益。

4. 多维度、多尺度、多层次有序推进

根据生态修复的不同对象、不同受损程度和不同阶段，须在一定尺度空间内将各要素修复工程串联成一个相互独立、彼此联系、互为依托的整体，在对物种进行保护和恢复的基础上，对生态系统结构进行重建或修复，结合社会、经济、环境等因素，从大气、水、土壤、生物等维度出发，促进生态系统服务功能的逐步恢复，实现点、线、面修复的叠加效应，实现多维度、立体式推进。山水林田湖草沙生态保护修复就是按照系统工程思想实施的一项重大工程。

二、生态修复策略

河流水系是生命共同体中的水脉和生态系统的经络，自上连接着具有涵养水源功能的山脉、林地，流经之处与湿地、农田等资源进行物质、能量的传递。因此，枣庄市的水生态保护与修复工程要把山、水、林、田、湖有机结合起来，主要从涵养水源、修复生态入手，统筹上、下游工程措施，协调解决水资源、水环境、水生态问题。枣庄市地形复杂，河网纵横交错，依山傍水，具有丰富的“山、水、林、田、湖”等生态要素。通过生态工程的系统治理，统筹区域内各生态要素，构建“山、水、林、田、湖”生命共同体，使水源得以涵养，河流得以净化，田园得以保存，让城市回归自然。根据枣庄市实际情况，提出以流域为系统的、立体的、多层次的建设方案，从流域入手，采用“源头保育一途径修复一末端治理”的全过程管理模式，在源头实施水源涵养工程，拦截降雨，涵养水源，保持部分水量，改善径流水质，减轻下游压力；实施河道生态修复工程，对从上游下来的径流和初期雨水进行进一步净化；实施绿廊生态建设工程和生态沟渠等工程，防治、减轻面源污染，实现流域内“上游一中游一下游”各工程功能上的层层递进，相较于以往的工程体系，能够全面提升水生态保护与修复的效果，形成合理、系统、繁荣的生命共同体。

三、生态修复工程

（一）山——水源涵养工程

枣庄市山体资源丰富，矿产资源开发利用程度较高。资源开发利用在很长时期内促进了枣庄市经济的快速发展，但也遗留了很多地质环境问题。根据生态修复方式确定原则，需要对全市破损山体类型进行分类。枣庄市共分布破损山体 303 处，其中滕州市 40 处，山亭区 65 处，薛城区 27 处，市中区 40 处，峄城区 78 处，台儿庄区 53 处。根据破损山体分布情况，经过实地调查，进一步细化破损山体位置关系。位于“三区两线”可视范围内的破损山体 109 处，非“三区两线”可视范围内 194 处。套合最新“生态红线” 数据后可知，枣庄市 303 处破损山体中，与“生态红线”相交的有 192 处，不在“生态红线”范围内的有 111 处。其中 192 处与“生态红线”范围相交的破损山体中，完全位于“生态红线”的破损山体 69 处，绝大部分位于“生态红线”的破损山体 52 处，部分位于“生态红线”范围内的破损山体 71 处。303 处破损山体中，有一部分仍存在可供开采资源量，根据破损山体与“生态红线”和“三区两线”可视范围的关系，以及破损山体破损程度的不同，建议采用开采式治理方式、工程式治理方式、简易工程治理方式、自然恢复方式进行生态修复。

（二）水——河道生态修复工程

河流的生态修复是通过适当的人为干预措施对破碎的河流岸线进行调

整，依据生态学理论，更新其内外能量和物质流动及河流生境再塑造，对其生态资源进行修复，使河流生态系统的物种、结构、功能和景观特征恢复为原始状态或更高水平。结合河流岸线的亲水游憩功能的需求，河流的生态修复和建设应包括三个方面内容：一是构建合理的生态格局，创建加快生态系统恢复速度的条件；二是修复营造河流生境；三是恢复河流及岸边带物种，即由植物群落和动物群落组成的河流生物资源。

蟠龙河是枣庄区域重要水源涵养区、生态屏障和生态廊道，目前存在水资源过度开发、环境承载力差、污染严重、河道断流、生态系统退化、部分河段防洪能力不足等突出问题，严重制约了区域经济社会的健康发展。其问题如下：一是水污染潜在威胁大，水环境有恶化趋势。由于经济的发展、人口的增加和城市规模的扩大，排污量亦随之加大，雨污合流、截污纳管区域覆盖不完全、管网老化等现象依旧存在，河道受到污染。农业生产方式较为传统，化肥、农药等农业投入品过量使用，畜禽粪便、农作物秸秆和农田残膜等农业废弃物不合理处置，导致农业面源污染日益严重，加剧了土壤和水体污染风险。二是枯水期水资源严重短缺，生态退化。蟠龙河流域来水主要依靠雨洪水，随着上游拦蓄工程的兴建，历年来水量在逐步减少，尤其是枯水期，上游来水减少，河道内水位很低，甚至干枯，河道的自净能力逐步丧失，水生生物栖息场所被严重损坏，致使区域环境也在逐渐恶化。开展蟠龙河水生态修复和治理，打造绿色生态河流廊道，对改善区域生态环境具有重要的引领示范作用。

河道生态修复有如下工程：

（1）水生植物修复工程：根据河道的功能定位和污染状况，选种不同的水生植物，以吸收、净化效果好的茭草、菖蒲、水芹为主，这些水生植物对氮、磷具有较好的吸收作用，对河道具有明显的净化作用。建议引种经人工驯化培育且对水质具有较好改善作用的新品种，如紫根水葫芦。

（2）水生动物放养工程：利用水生动物对水体中有机和无机物质的吸收来净化污水，尤其是利用生态系统食物链中的蚌、螺、草食性浮游动物和鱼类，可以直接吸收营养盐类、有机碎屑和浮游植物，效果明显。

（3）曝气充氧工程：该工程能在较短时间内提高水体溶解氧水平、增强水体净化功能、消除水体黑臭、恢复水生生态系统，具有投资少、见效快且无二次污染的优点，是目前河道治理中最为常见的措施之一。

（4）太阳能水生态修复系统：该系统是一种以太阳能为动力，以高效的水循环和原生水生物膜法处理为机理，对受污染水体进行混合、复氧、控藻和生化降解，实现对污水的治理、对蓝藻水华的控制的绿色水处理系统。

(5) 微纳米高效复氧技术：微纳米高效复氧技术是区别于传统的宏观气泡曝气装置的新型复氧技术。微纳米气泡在物理化学性能上有其特有的优势，具有上升速度慢、自我增压溶解、比表面积超大、表面电荷富集的特点。植物性营养物(N、P)的输入及溶解氧状况对水体水质的影响巨大，并逐渐成为水体不断恶化的重要原因；同时底泥的污染是水体恶化的另一重要原因。溶解氧的增加与保持、底泥有机污染物的降解、底泥的无机化及保持尤其关键。微纳米高效复氧技术在这些方面能发挥很重要的作用。

(6) 微生物净水技术：微生物净水技术是指利用复合微生物技术对水体进行原位修复的技术，根据微生物接种方法不同又分为直接法和载体法。直接法是通过向水体、底泥直接投入复合微生物，如纳豆菌净水石、EO－H 有效微生物菌群等，可以有效降解有机污染物，净化水体、消减淤泥，达到净化水质的目的。载体法是通过离子吸附、交联、共价结合等生物工程手段，将多种为特定污染物选配的优势组合微生物菌群固定在一个多酶体系的载体上，从而创造出一种新型、革命性的载体微生物。

(7) 河道生态护岸建设：堤岸是水陆交界的边界和融合点，关系着堤岸空间游憩行为中最重要的亲水活动的开展，其设计和形式的选择成为堤岸空间环境设计的关键。枣庄市部分河道的水岸景观是典型的硬质护岸，虽然这些传统形式的护坡在保持坡岸的结构稳定、防止水土流失以及防洪排涝等方面起到了一定的作用，但是这种整齐划一的护岸形式，一方面影响了水陆生态系统的联系，弱化了河道的生态功能；另一方面在景观上单调乏味，缺少与水交融的水岸景观。在护岸改造设计时，尽量采用多自然的手法，在维持自然特性的同时强调对景观效果的加强，实现其与周围景观的自然融合。例如，建设木桩型、堆石型、抛石型等兼具景观性的生态护岸，并间隔设置亲水平台或台阶，增强水体通达性，促进人与水的互动。

(三) 林——城市面源污染防控工程

生态之廊主要指的是由绿地形成的绿廊，主要包括滨河绿地、道路防护绿地和防护林建设。绿地是城市生态系统的重要组成部分，具有生态、景观等功能，对调节生态系统与维护生态平衡具有十分重要的作用。枣庄市林地资源多集中于山亭区，山亭区位于枣庄市北部，地处泰沂山脉西南麓，多低山丘陵，属温带大陆性季风气候，雨量充沛，四季分明，全区国土面积

101 943 hm^2，森林植被茂盛，但其林地管理存在以下 4 个方面的问题。

(1) 自然资源、可持续资源开发利用不合理。枣庄市山亭区林地资源在几十年的大规模开发影响下，原始森林所剩无几，原生自然植被稀少，植被资源呈现出稀少、衰败、稀疏的特点，幼林和灌丛退化林地分布较广，森林生态功能不断降低。

(2) 林种、树种结构不合理。树种及林种结构可反映林地利用情况，若两种结构分布合理，可充分发挥林地的作用。枣庄市山亭区商品林、生态公益林体系结构基本科学、合理。森林群落结构单一，极易遭受病虫害、森林火灾危害，生长缓慢，不利于林地地力恢复。

(3) 林业投入不足，对经济社会发展和农民增收的贡献低。林业既是一项基础产业，也是一项公益事业，承担着林产品供给、生态有机建设、生态文明建设等任务，一直以来主要依靠国家投入维持。很长一段时间内建设投资采用的是补助方式，单位面积投资低的情况没有得到改善，不能满足市场经济下的成本需求，造成林业建设质量低下的局面。枣庄市山亭区的林业占国土面积 40%左右，但由于林地生产力低且发展落后，区域特色不突出，竞争力不强，对农民经济提升带动作用不大。

(4) 森林经营和抚育管理不完善。林地变更涉及林业管理的各个方面，需要植树造林、林木采伐、征占用、森林火灾、森林病虫害等多方面的协作。但从当前发展情况看，枣庄市山亭区森林经营和抚育管理不够完善，由此导致森林密度、造林管理不合理，林业结构十分单一，现有的林木无法抵抗病虫及自然灾害。另外，枣庄市山亭区森林经营一味重视造林、更新和采伐，忽略了森林的抚育管理工作，对幼龄林的管理投入较少，最终影响了林木资源的后续培养。

为了修复枣庄市山亭区林地，应加强退耕还林工程、采育林工程。

(1) 加大力度积极实施退耕还林工程，确保林地规模的稳定增长。退耕还林工程是站在战略发展高度提出的一大重要决策，在枣庄市林业发展中占据十分重要的地位。为了能更好地促进这项工作的发展，需要广大干部群众积极努力，调动全体力量完善退耕还林工作任务，促进当地林地面积的快速增长。在未来一段时间内，对坡度在 20°以上的坡耕地要坚决实施退耕还林、还草，通过对重要生态区域陡坡耕地、沙化耕地的还林举措，保持当地林地资源的稳定增长。为了能够更好地管理林地，还要积极学习和了解土地退化、生态修复的基本知识，增强林地保护意识，加强对林地保护的重视，为退化土地生态修复工作的可持续发展提供源源不断的支持。

(2) 实施采育林和农防林的更新改造，提高森林质量。在天然低质低效林中积极开展速生丰产的林业改造工程，通过建设采育林工程，停止对天然林的采伐管理，积极蓄力整合材料，更好地保证森林自然环境和生物多样性。在保证林木多样性的过程中，需要定期更新补充珍贵树种，创新森林经营管理模式。另外，按照适地适树的原则，通过人工措施补充红松、水曲柳等珍贵树木。

此外，枣庄市城区还可进行多种绿地建设，来保障城市生态。

(1) 滨河绿地。城市滨河绿地的生态和景观功能主要是通过植物来实现的。滨河绿地是自然地貌特征较为丰富的景观绿地类型，自然状态下的河岸带常表现为物种丰富、结构复杂的自然群落形式，所以在设计时应以植物造景为主，选用乡土树种为主，如香樟、垂柳、水杉、乌桕、枫杨、桂花、蚊母、香橼、苦楝；同时适当引进一些新的优质苗木，如金叶皂荚、海滨木槿、细叶芒、血草、花叶香桃木、蛇莓等。规划市、区级河道背水坡堤脚线外 5 m 范围内建设滨河绿地，区级河道以下背水坡堤脚线外 3 m 范围内建设滨河绿地。

(2) 道路防护绿地。道路是径流和污染物产生的主要场所，因此城市区域呈网络状的道路防护绿地是净化径流、改善水质的重要场所。规划重点建设高速公路、快速路及部分主干路防护绿地，市区主干道绿地率控制不低于20%，市区次干道及其他道路绿地率控制不低于 15%。在保证边坡稳定、改善行车条件的前提下，尽量采取植物护坡技术，综合考虑草、灌、花、乔等多种类植物，快速恢复人类工程建设所破坏的生态环境，减轻坡面不稳定性和侵蚀，进一步建设优美、协调、稳定的绿色通道景观。

(3) 滨江防护林。防护林是防灾减灾体系的重要组成部分，具有保持水土、防风固沙、涵养水源、调节气候、减少污染等生态功能，同时能够抗御台风、风暴潮等自然灾害。规划河流两岸建立防护林作为生态屏障，不仅能减少防洪压力，在一定程度上能够改善和优化滨江地带的生态环境，还能产生巨大的生态、经济和社会效益。建议种植木麻黄、桉树、墨西哥落羽杉、苦槛蓝等树种，形成一条既有防护功能又具有生态景观价值的多功能防护林带。

(四) 田——农业面源污染防治工程

农田生态系统，是指农田中人工栽种的农作物与农业环境之间所构成的生态系统，农田生态系统是人类为了满足生存需要，积极干预自然，依靠土地资源，利用农田生物与非生物环境之间以及农田生物种群之间的关系来进行人类所需食物和其他农产品生产的半自然的人工生态系统，是由农田、环境及人为控制的，由社会、经济、自然结合而成的，具有多种经济、生态、社会功能和自然、社会双重属性的复合生态系统。它不仅供给了人类生产、生活和发展的基础资源，还调节维持着人类赖以生存的环境，提供多种服务功能，如供给服务功能、调节服务功能、支持服务功能等。因此，农田生态系统是生态系统中重要的一部分。

目前，农业面源污染正在成为破坏农田生态系统平衡的最主要原因，需要进行农业面源污染治理。农业面源污染防治工程除了水环境工程外，应结合生态沟渠、生态塘建设，展开综合性的农业面源污染防治工作。生态沟渠系统是指具有一定宽度和深度，由水、土壤和生物组成，具有自身独特结构并发挥相应生态功能的农田沟渠生态系统，也称之为农田沟渠湿地生态系统。生态沟渠能够通过表面截留、土壤吸附、植物吸收、生物降解等一系列作用，减少水土流失，降低进入地表水中氮、磷、农药的含量。生态沟渠两侧沟壁需具有一定的坡度，便于植物的种植和生长，需有一定的深度，保证容纳田间的排水。沟体内相隔一定距离构建小坝减缓流速、延长水力停留时间，使流水携带的颗粒物质和养分得以沉淀。生态塘是利用菌、藻、浮游生物、底栖动物、鱼、虾、鸭、鹅等形成多条食物链，以达到净化污水的目的。

（五）湖——湖泊生态修复工程

流域是湖泊之源，湖泊是流域之汇，湖泊与流域是一个自然与社会密切相关的互为反馈的动态变化系统。湖泊不仅具有调蓄洪涝、引水灌溉、饮用水取用、交通运输、发电、水产养殖和景观旅游的功能，还具有调节区域气候、记录区域环境变化、维持区域生态系统平衡和繁衍生物多样性的特殊功能。调蓄雨洪资源，合理储备淡水资源，使水资源得到合理的优化配置。而湖泊属于静水环境，换水周期长，自净能力低，一旦发生污染，很难治理，要防患于未然，主要的措施有以下几个方面。

（1）修建时保证湖泊和周边的水系之间相互连通，加快换水周期，减少污染物在湖泊的停留时间，减少沉积。

（2）在湖泊岸边进行绿化建设，近期可以维持现有自然护坡，在岸边种植柳树，因为柳树耐水，成活率高；柳枝根部舒展且致密，能压稳河岸；枝条柔韧、顺应水流，抗水流强度、保护河岸的能力强，生态景观效果好。繁茂的枝条为陆上昆虫提供生息场所，浸入水中的柳枝、根系还为鱼类产卵，幼鱼避难、觅食提供了条件。远期可以将河道边坡修建为生态护坡，因为生态护坡能净化水质，稳固河岸，以确保河岸物理生境的完整性，提高河岸的生态稳定性，使整个河流生态系统健康发展。

（3）湖泊中水生动植物是湖泊具有活力的关键。构建以水生高等植物为优势群落的湖泊生态系统，不仅是优良水质的保障，也是优美景观建设、生物多样性维持的基础。同时在湖泊中投放适当的水生动物可以有效去除水体中的有机物质和悬浮物质，控制浮游植物的生长，形成一个完善的生态系统结构，使其成为可自我循环、良性循环、具有生命力的生态系统。

第九章

枣庄市水资源综合管理

随着经济社会的发展，人类对水资源的依赖性越强，对水资源综合管理的要求就越高。各个区域不同时期的水资源管理水平与其经济社会发展及水资源开发利用水平密切相关，因此水资源管理目标及措施的制定不仅要与当时国民经济发展目标和生态环境控制目标相对应，还应考虑自然资源条件、生态环境改善及经济承受能力。基于此，本章节结合枣庄市实际情况，确定水资源综合管理的目标，并制定一系列切实可行的水资源综合管理措施。

第一节　管理目标

结合枣庄市实际情况，确定水资源综合管理的目标为：一是提高水资源利用效率和效益，逐步建立起保障经济社会发展的优化配置的水资源有效供给体系、维护生态安全的水生态环境保护体系、适应社会主义市场经济要求的水利发展服务体系，促进和保障全市人口、资源、环境和经济的协调发展，为经济社会发展目标提供水资源支撑；二是建立科学的水资源开发利用和保护格局，修复和改善枣庄市水生态环境，促进流域的水生态环境改善；三是建立健全水资源承载能力监控预警机制，不断增强水资源管理“三条红线”在促进经济发展方式和用水方式转变上的引导约束作用，全面建立“制度完备、设施先进、机构健全、运行高效”的水资源管理体系，与经济社会发展和最严格水资源管理要求相适应。

第二节 管理措施

根据以上管理目标，考虑枣庄市水资源管理的历史特点，研究制定新的水资源综合管理体系。调控措施主要以逐步完善为重点，以工程建设与技术推广为依托，以经济结构调整、科学发展为前提，从整体上促进水资源系统与经济社会的和谐发展。

一、优化地表水配置

1. 优化地表水量初始分配

考虑各区(市)的人口分布、经济社会发展水平、经济结构与生产力布局、水资源条件、用水情况等，结合枣庄市全市地表水可利用量，确定枣庄市区域地表水量分配指标，作为各地区使用地表水的约束性指标。

2. 新增供水保障工程，合理利用再生水、雨水等非常规水源

以大中型水库岩马水库、周村水库增容工程为重点，新建市中区城南水库等10项小型水源工程，新建滕州市界河岗头桥橡胶坝等6项河道拦蓄工程，新建庄里水库灌区及岩马水库灌区配套改造、滕州市污水处理厂等8座污水处理厂再生水回用管网配套、薛城区农村饮水安全提升工程和城乡一体化供水项目共18项，薛城区引湖工程、峄城区引湖工程等2处跨流域调水工程，这些工程的实施打通了跨区(市)流域水资源配置通道，在全市范围内优化配置水资源，缓解了水资源时空分布不均问题，增强了水安全保障能力。

二、实现地下水平衡

1. 优化地下水量初始分配

考虑各区(市)地下水资源开发现状及未来经济社会发展水平，综合2019年度枣庄市区域地下水量控制指标，为避免地下水超采，未来仍采用2019年度枣庄市区域地下水量控制指标作为各地区使用地下水的约束性指标。

2. 对地下水进行合理划区

划定地下水禁采区、过渡禁采区和限采区，不同分区采取不同管理措施。禁采区：严禁以各种形式开采地下水，现有机井必须封停；过渡禁采区：在新的水源通水前逐渐减少地下水开采量，不得兴建新的地下取水工程，水源解决后，全部封停地下水井；限采区：有限度地开采地下水，保证地下水采补平衡。

3. 实施地下水压采绩效考核制度

通过水资源费调整、补贴、奖励等多种形式，对不同的用水对象宜采取不同类型、不同强度的政策，如要严格控制城市和工业开采的地下水，农业压采要紧密结合未来水源规划，采取补贴和以灌代补等相关激励政策；将各区（市）地下水压采情况同GDP一样列入政府绩效考核体系，具体实施时对地下水位回升的地区打高分，地下水位不变的地区打零分，地下水位下降的地区打负分。落实地下水管理政策来保证地下水的合理开采，实现地下水的采补平衡。

4. 加强地下水源的替代工程建设

加强南水北调配套工程、地表水工程、节水灌溉工程以及非常规水利用工程建设，通过优化水资源的配置，实现地下水资源的替代，逐步实现地下水的采补平衡和生态环境的改善，提高地下水资源的抗旱储备能力。

三、满足水功能区要求

1. 以排污总量控制引领，构建环境倒逼机制

严格执行水污染物总量控制指标，落实流域与区域排污许可制度，减少工业废水和生活污水的排放，大幅削减点、面、源污染负荷，构建环境倒逼机制。

2. 优化产业结构，改进生产工艺

关停并转移部分高污染、高能耗、低产出的企业，利用这部分企业的污染物指标新增一批低污染、高产出的企业，达到增产不增污的目的；变革生产工艺、推行清洁生产、实现污染物“总量”与“浓度”双达标，通过工业企业的技术改造、积极推广清洁生产和绿色产业，从生产工艺和生产管理各个环节上减少耗水与削减污染物。

3. 建设城市雨污分流工程

加强雨水分流及合流制排水管网的维护改造，增加雨、污分流率，增加雨

水管网服务面积。

4. 建设畜禽养殖示范工程

加快现代畜禽养殖示范园建设,逐步提高规模化养殖的粪尿无害化处理率。在全市建设多个现代畜牧业示范园,源头减排、过程控制和末端治理相结合,通过开展干式清粪、控制用水、暗道排污、固液分离、雨污分离等新工艺和新技术改造,提高畜禽养殖场粪污治理和资源化利用水平。

5. 建设农村污染治理工程

针对农村生活污染物,推广沼气利用工程,加强农村环保基础设施建设。以示范小城镇和中心村建设为突破口,做好城镇化布局规划。继续推进农村坑塘整治和垃圾无害化处理工程;大力普及农村沼气,推广应用生物智能和太阳能等可再生能源的利用,鼓励和扶持农村开发利用清洁能源,搞好作物秸秆等资源化利用,全面改善农村能源结构;推进农村环境基础设施建设,加快农村污水处理、垃圾处理等设施建设,在各区(市)建设污水处理厂和垃圾处理厂,村镇生活垃圾实行集中处理;实施农村小康环保行动计划,整治农村环境,解决脏乱问题,建设一批生态小城镇和文明生态村,全面提升农村环境质量。

6. 建设植物缓冲带工程

以拦截、净化工业非点源污染物为目标,在近水域沿线地带,建设植物缓冲带建设工程,通过种植氮、磷高效富集植物,立体拦截等途径,充分发挥植物对农业非点源污染物的阻控、拦截、生物吸收和生物降解效应,最大限度地减轻农田流失氮、磷养分和农药对水体的污染。

第三节 保障措施

1. 改善枣庄市水资源综合管理体制

市、区(市)两级进一步加强水资源综合利用的组织领导,强化部门间日常协作配合,建立高效的管理机制,落实各项措施,统筹推进节约、利用、保护和管理工作,着力构建适合枣庄市经济社会发展的水资源安全保障体系,夯实水资源支撑经济社会发展的基础地位。加强各涉水部门,尤其是水利部门与环保部门之间的沟通与交流。对于不同部门之间的冲突,要上报上级领导，由主管水资源的市领导牵头，召集各相关部门负责人座谈，积极交换意见，最终通过协调各方利益达成一致，提出解决方案。

2. 推进水资源治理体系和治理能力现代化

完善涉水管理部门的协商与协作机制，加强系统治理的理念，统筹天上水、地表水、特殊水、外来水、地下水“五水共享”，治污水、防洪水、抓节水、保供水“四水共治”，通过推进城乡水务一体化改革，从整体视角落实水行政主管部门的管理职能，协调推进城乡水务“放管服”改革，促进水务设施运行管理市场化改革，积极培育扶持各类市场主体。

3. 逐步拓宽投融资渠道

根据枣庄市及各区(市)特点，因地制宜，突出特色，将水资源综合利用与保护工程建设作为公共财政及基础设施投资的优先领域，利用经济杠杆实现政策激励，建立以政府投资为主导、全社会参与的多层次、多渠道、多元化的城乡水务投融资机制。

4. 加强水务科技创新

加大科技的投入力度，针对地下水资源保护与开发利用、流域水环境治理与协同控制、水资源承载力与水土资源平衡、以水定城的科学合理性等迫切问题开展专项研究，提高水资源利用与管理保护水平；结合国土空间规划相关工作，探索适合本地特征的河湖水系建设方案，发挥水系在水资源调控和水环境保护中的功能。

5. 建立公正参与机制

建立多形式、多层次的社会公众参与机制，在市区建立用水者协会，在农村建立自主管理灌排区和农民用水者协会等组织。围绕世界水日、中国水周、全国城市节约用水宣传周等开展集中式宣传，使社会公众逐步树立资源稀缺、资源有价、用水有偿的意识。加强水资源开发利用与水环境保护的宣传教育，增强市民水患意识、节水意识、水资源保护意识，倡导节约资源、保护环境和绿色消费的生活方式，培育社会大众的生态文明道德，引导市民自觉树立节水、爱水、护水理念，积极参与各项水资源保护活动。

6. 完善监督考核机制

落实最严格水资源管理制度，强化“三条红线”刚性约束，坚持“以水定城、以水定地、以水定人、以水定产”，加强“三条红线”相关控制指标纳入区域社会经济发展考核的科学性，进一步加强流域管理、水资源管理与河湖长制管理相结合等相关制度的完善和落实，建立相应的监督、评估、考核制度。

7. 建立水资源管理信息共享机制

加强互联网建设，充分利用信息管理系统，建立共享数据库，各部门非共享数据各自建设与管理，本部门应提供的共享数据和信息通过网络提供给共享数据库，并从共享数据库中获取其他部门的共享数据和信息，加强信息的管理和监控。

8. 健全水资源市场机制

健全水价、水费与排污费制度，对擅自减免、坐支、截留、挪用或未按规定上缴水资源费与排污费的单位和个人依法惩处。根据各地实际，建立征收责任制，明确征收总额和征收到位率，健全征收奖惩制度。在水资源总量控制的基础上建立水权与排污权交易制度，制定和出台水权与排污权交易管理办法，在取水、排污许可范围内进行有偿取水与排污，科学落实国家取水与排污标准，建立以水权为中心的节能减排激励机制。

第十章

结论与建议

基于枣庄市水资源情况、水资源开发利用情况、水资源承载能力等，本章系统阐述了本书研究得出的结论，并对资源型、工程型缺水地区的水资源综合管理提出了建议。

第一节　结论

一、提出了与枣庄市相适应的规划方法

在全球气候变化和高强度人类活动影响下，水资源短缺、水环境恶化和水生态退化问题等愈演愈烈。根据现状调查，枣庄市水资源禀赋条件主要为时空分配不均，表现为工程型缺水，因此，传统规划方法存在一定的局限性。现有的水资源规划方法基于“以供定需，控制取水”理念开展，水资源配置的对象是取水量，其后果是随着节水技术的发展和水资源管理水平的提高，水资源消耗率不断增加，在取水量不变的情况下，从河流和地下取出的水量回归河道和地下更少。从区域整体来看，即使取水总量得到控制，河道径流量逐年减少和地下水位持续下降的趋势仍将继续。加之枣庄市部分地区地下水资源承载能力接近临界状态，基于取水管理理念的现行水资源规划方法不利于水资源的可持续利用。本次研究通过严格落实节水型社会用水指标，控制区域用水总量，从而实现水资源科学管理；统筹考虑了水资源配置与水环

境保护相互影响的关系，协调了水的自然、生态、社会、经济和环境五维属性，提出的规划成果能够切实满足工程型缺水地区水资源与水环境管理的实际需求，对区域水资源可持续利用及水生态、水环境的改善具有重要作用。

二、明确了关键是实现用水总量控制

人类活动极大地改变了天然水循环过程。在天然水循环的“大气—地表—土壤—地下”四水转化框架下，形成了“蓄水—取水—输水—用水—排水—回用”六个基本环节构成的人工循环框架。高强度人类活动不可避免、或早或迟地引起水资源短缺和水环境恶化问题，无节制的取水造成河道断流、湖泊湿地萎缩和地下水位下降，污染超量排放造成水环境恶化。由此可见，对社会水循环的调控是水循环系统良性运行的关键。为了实现高强度人类活动地区水资源的可持续利用与水环境的健康维系，必须通过控制关键节点来实现水资源管理。首先要从源头上进行控制，即控制取水总量，包括控制地表水取水总量和地下水取水总量；其次从用水环节上进行控制，即控制国民经济用水总量和生态用水总量；再次从耗水上进行控制，即在社会水循环的蓄水、输水、用水、排水各个环节减少不必要的损耗，提高水资源的利用效率；最后从排水环节上进行控制，既要控制水量又要控制水质，包括排污总量控制和重要断面水量水质控制。综合考虑社会水循环的重要控制环节，必须实现地表水总量控制、地下水总量控制、国民经济用水总量控制、排污总量控制、重要断面水质水量控制。只有落实这些，才能真正实现水资源与经济社会的可持续发展。

三、贯彻落实最严格的水资源管理制度

为解决我国日益复杂的水资源问题，实现水资源高效利用和有效保护，根本上要靠制度、靠政策、靠改革。根据水利改革发展的新形势、新要求，在系统总结我国水资源管理实践经验的基础上，2011 年中央 1 号文件和中央水利工作会议明确要求实行最严格的水资源管理制度，确立水资源开发利用控制、用水效率控制和水功能区限制纳污“三条红线”。贯彻落实最严格的水资源管理制度，重点是要加快“三条红线”指标的分解、确认与落实工作。无论是“三条红线”指标的分解确认，还是各地具体指标的落实，都离不开水资源

的综合规划。本研究在统筹考虑水资源开发利用与水环境保护关系的基础上对“三条红线”指标进一步具体和细化，具有科学性和可操作性，是落实最严格水资源管理制度的重要技术支撑。一是考虑地表水和地下水相互转化的特性，用水总量控制既要控制地表取水总量也要控制地下取水总量；二是分清责任和义务，用水总量控制既要控制国民经济各部门用水总量，也要保障生态用水总量；三是考虑到水资源节约与水资源的高效利用，通过二次平衡来体现水资源的节约水平；四是考虑污染排放与河湖水质之间的因果关系，水功能区限制纳污红线可以细化为排污总量控制和重要断面水量水质控制两项指标。

第二节　建议

一、改善水资源开发利用模式

为更好地保护地下水资源，减少地下水开采，应逐步改善水资源开发利用模式，多利用地表水、客水、非常规水资源等置换地下水。力争尽快消化南水北调指标任务，在南水北调受水区，对规模以上工业用水户，要限期将地下水置换为南水北调水源。鼓励工业企业利用中水资源，免收水资源费，制定价格优惠政策，调动企业利用中水的积极性和主动性，减少新鲜水的利用。加快建设水资源配置工程，完善地表水供水工程，在非南水北调受水区，要积极利用地表水置换地下水，尽快建设并完善蓄水工程体系。

二、加大水资源管理力度

以水资源综合规划为支撑，落实最严格水资源管理制度，确立水资源开发利用控制、用水效率控制和水功能区限制纳污“三条红线”是实行最严格水资源管理制度的重要抓手，作为“三条红线”的深入和细化，需要从科学性、合理性和可操作性角度进一步加强用水总量控制研究，从而推进最严格水资源管理制度的落实，促进水资源合理开发利用和节约保护，保障经济社会可持续发展。在水资源综合规划的基础上，建立健全水资源综合管理的制度体系。一是要以总量控制为核心，建立取水许可、排污许可制度。取水许可既包括地表水和地下水取水许可，也包括国民经济用水和生态环境用水的取水许可；排污许可要实现基于水功能区纳污能力的排污控制，既要明确排污总量也要实现控制断面的水量水质控制。二是以总量控制为基础，建立科学合理的取用耗排标准。根据区域用、耗水总量控制指标倒推取水定额、用水定额和耗水定额，按照排污总量控制指标倒推排污标准，引入法律手段、行政手段和经济杠杆的调节作用，对超标取水或超标排放采取措施。

三、继续加强节水型社会建设

全面推进节水型社会建设，特别是结合当前全市节水型城市创建活动逐渐进行，水利等部门按照职责分工，积极推进创建活动，建设节水型社会。

1. 制定农业节水灌溉制度

根据各种作物的需水规律和当地气候条件，将有限的灌溉水量在灌区内及作物生育期内进行最优分配，制定并执行严格的农业节水灌溉制度。利用信息监测站根据土壤墒情和气象条件加强需水预报。在保证产量和产值的基础上，提高农业用水效率水平。

2. 发展农业节水灌溉新技术

要逐步建设各区（市）农业节水工程，对于农业节水的重点区（市）首先开展灌区的节水改造，扩大节水工程控制面积，因地制宜发展喷灌、滴灌、微灌等灌溉新技术，大力发展低压管道输水和防渗明渠灌溉，提高灌溉水利用率，减少无效损耗。

3. 加强城市供水管网改造

建设中心城市供水管网工程，将原有老旧管网逐年换成带衬里的球墨铸铁管，支管换成优质高强度塑料管或塑钢管，降低供水管网漏损率。

4. 推广生活用水节水器具

结合节水器具市场准入制度建设，大力推广节水器具。

5. 加快工业节水设备升级改造

日用水量在 3 万 m^3 以上的用水单位，全部实现冷却水循环系统高浓缩倍数技术改造。在电力系统推广零排放无泄漏技术；在化工系统推广零排放节水成套技术，提高冷却水循环倍数；在纺织系统推广逆流漂洗、印染废水深度处理回用和溴化锂冷却技术等；在石油石化行业开发利用稠油污水深度处理回用锅炉等工艺。对于电子信息等低耗水、高附加值等产业，实行用水优质优供；对于工业废水零排放企业，有限满足用水需要。

四、全面构建现代水资源综合管理机制

社会水循环不仅极大地改变了原有的自然水循环的规律，导致地表、地下水量的减少和水环境质量的劣化，自然水循环的改变也反过来制约了社会水循环的可持续性，引起供水量不足和水质变差。因此，必须从自然水循环和社会水循环的耦合关系出发，加强水资源综合管理。其重点在于以取用耗排全过程管理为核心，全面构建现代水资源综合管理机制，实现供用耗排全过程管理。

一是建立“水量-水质”联合监测体系。在高强度人类活动影响下，水循环表现出“自然-社会”二元特性，在该循环模式下只开展自然水循环的蒸发、降水、径流、水质等监测是不够的，还要把人工水循环取水、输水、用水、耗水、排水过程都监测起来，才能有效防止水资源过度开发和改善水环境。这就要求全面建设“水量-水质”联合检测体系，实现重要取水口、重要用水户、重要排污口、重要水功能区和重要断面的统一监测。

二是建立水资源信息共享机制。在缺水地区，水资源短缺与水环境恶化常伴随产生，只考虑水量或水质单方面的问题不能解决实际问题，必须实现水资源综合管理，建立水资源信息共享机制是其前提条件。

三是建立水资源与水环境管理协调机制。水资源、水环境管理分属于不同管理部门，由于分工不同、工作重点不同，难免会有管理不到位和相互矛盾之处，需要在规划、实施、工程建设、执法等方面全面加强合作，真正实现地表与地下、城市与农村、陆域和水域统一管理。

参考文献

[1] 刘宝珺,廖声萍. 水资源的现状、利用与保护[J]. 西南石油大学学报, 2007(6): 1-11+197+203.

[2] 彭文启,张祥伟,等. 现代水环境质量评价理论与方法[M]. 北京:化学工业出版社, 2005.

[3] GIBERT R O. Some statistical aspects of finding hot spots and buried radioactivity[J]. TRAN-STAT: Statistics of Environmental Studies, 1982.

[4] 张乐乐,李秋筠,张勇军,等. 松花江流域同江断面水质十年变化趋势分析[J]. 黑龙江环境通报, 2016,40(1): 87-90.

[5] 胡官正,曾维华,马冰然,等. 河流类型划分及其水生态环境治理技术路线图[J]. 人民黄河, 2021,43(6): 98-105+111.

[6] 张慧, 杨力鹏, 张颖,等. 呼和浩特市大黑河水污染现状分析及治理对策研究[J]. 环境科学与管理, 2020,45(8): 5-8.

[7] 庄文贤,张大伟,马清坡. 连云港市城市河流污染分析及其治理策略[J]. 水资源开发与管理, 2018(10): 49-51.

[8] 陈莹,赵勇,刘昌明. 节水型社会的内涵及评价指标体系研究初探[J]. 干旱区研究, 2004(2): 125-129.

[9] 乔维德. 基于 AHP 和 ANN 的节水型社会评价方法研究[J]. 水科学与工程技术, 2007(2): 1-4.

[10] 王婷,方国华,刘羽,等. 基于最严格水资源管理制度的初始水权分配研究[J]. 长江流域资源与环境, 2015,24(11): 1870-1875.

[11] 黄乾,张保祥,黄继文,等. 基于熵权的模糊物元模型在节水型社会评价中的应用[J]. 水利学报, 2007(S1): 413-416.

[12] 王婷婷. 潍坊市节水型社会建设评价研究[D]. 济南:山东大学, 2014.

[13] 张欣莹,解建仓,刘建林,等. 基于熵权法的节水型社会建设区域类型分析[J]. 自然资源学报, 2017,32(2): 301-309.

[14] 董哲仁. 试论生态水利工程的基本原则:首届长三角科技论坛——治水新理念[C]. 浙江, 2004.

[15] 严德武. 外秦淮河生态护坡挺水植物适应性试验研究[J]. 环境科学与管理，2006(9)：154-156.

[16] 姚小琴，窦华港. 天津海河廊道的生态修复[J]. 城市规划，2009，33(S1)：66-70.

[17] 王浩，唐克旺，杨爱民，等. 水生态系统保护与修复理论和实践[M]. 北京：中国水利水电出版社，2010.

[18] 谭巧矛. 南宁市城市内河生态环境综合整治工程措施探析[J]. 水利规划与设计，2010(4)：16-17+57.

[19] 周亚莉. 城市河流生态修复与景观设计[J]. 中国西部科技，2011，10(1)：52-54.

[20] 许甘芸，陈骏. 城市河流生态环境修复探讨——以合肥南淝河为例[J]. 科技信息，2013(10)：454.

[21] 刘滨谊. 现代景观规划设计[M]. 3 版. 南京：东南大学出版社，2010.

[22] 俞孔坚，李迪华，刘海龙. "反规划"途径[M]. 北京：中国建筑工业出版社，2005.

[23] 王敏，叶沁妍，汪洁琼. 城市双修导向下滨水空间更新发展与范式转变：苏州河与埃姆歇河的分析与启示[J]. 中国园林，2019，35(11)：24-29.

[24] 张勇传，李福生，熊斯毅，等. 变向探索法及其在水库优化调度中的应用[J]. 水力发电学报，1982(2)：1-10.

[25] 董子敖，闫建生，尚忠昌，等. 改变约束法和国民经济效益最大准则在水电站水库优化调度中的应用[J]. 水力发电学报，1983(2)：1-11.

[26] 薛松贵，常炳炎. "黄河流域水资源合理分配和优化调度研究"综述[J]. 人民黄河，1996(8)：7-9.

[27] 王浩，王建华，秦大庸. 流域水资源合理配置的研究进展与发展方向[J]. 水科学进展，2004(1)：123-128.

[28] 刘起方，马光文，刘群英，等. 缺水条件下水资源管理的进化博弈分析[J]. 节水灌溉，2007(8)：33-36.

[29] 孙敏章，刘作新，吴炳方，等. 卫星遥感监测 ET 方法及其在水管理方面的应用[J]. 水科学进展，2005(3)：468-474.

[30] 何宏谋，丁志宏，张文鸽. 融合 ET 管理理念的黄河流域水资源综合管理技术体系研究[J]. 水利水电技术，2010，41(11)：10-13.

[31] 傅长锋，李发文，于京要. 基于生态水文理念的流域水资源规划研

究——以子牙河为例[J]. 中国生态农业学报, 2016, 24(12): 1722-1731.

[32] 魏卿,薛联青,王桂芳,等. 玛纳斯河流域用水结构时空演化及水资源空间匹配分析[J]. 水资源保护, 2021,37(5): 124-130.

[33] 宋志,乐琪浪,陈绪钰,等. 水资源承载力评价方法初探以及在"以水四定"中的运用[J]. 沉积与特提斯地质, 2021,41(1): 106-111.

[34] 刘鑫, 吴向东, 鄢笑宇,等. 鄱阳湖流域水资源开发利用的时空特征[J]. 水资源与水工程学报, 2022,33(4): 72-78.

[35] HIPEL K W, LENNOX W C, UNNY T E, et al. Intervention analysis in water resources [J]. Water Resources Research, 1975,11(6): 855-861.

[36] DIGUARDO A, VOLPI E, FINIZIO A. Analysis of large-scale monitoring data to identify spatial and temporal trend of risk for terbuthylazine and desethyl-terbuthylazine in surface water bodies of Poplain (Italy)[J]. Science of the Total Environment, 2020,740: 140121.

[37] WIJEYARATNE W M D N, NANAYAKKARA D B M. Monitoring of water quality variation trends in a tropical urban wetland system located within a Ramsar wetland city: A GIS and phytoplankton based assessment[J]. Environmental Nanotechnology Monitoring and Management, 2020, 14: 100323.

[38] CLEMENT K, RASHID H. Managing the trade-off between economic growth and protection of environmental quality: the case of taxing water pollution in the Olifants river basin of South Africa[J]. Water Policy, 2019,21(2): 277-290.

[39] IQBAL M M, SHOAIB M, AGWANDA P, et al. Modeling approach for water-quality management to control pollution concentration: A case study of Ravi River, Punjab, Pakistan[J]. Water, 2018, 10(8):W10081068.

[40] SILVEIRA B D, KARIN H, RONALD G, et al. Priority pharmaceutical micropollutants and feasible management initiatives to control water pollution from the perspective of stakeholders in metropolis of Southern Brazil[J]. Integrated Environmental Assessment and Man-

agement，2020,16(6)：955-967.

[41] 盛立强. 以色列现代农业发展中的政府支持[J]. 合作经济与科技，2014(12)：6-7.

[42] 素文. 水:开源节流要有好的制度——国外水资源管理体制与政策介绍[J]. 科学新闻，2003(23)：36.

[43] MITCHELL C J M. Water study：Least cost planning [R]. ISF for Queensland Environment Protection Agency，2003.

[44] 严冬，王修贵，张乾元，等. 国外节水制度建设[J]. 节水灌溉，2004(4)：47-49+52.

[45] ZEWDU A. Assessing water supply coverage and water losses from distribution system for planning water loss reduction strategies (case study on Axum town，North Ethiopia) [J]. Civil and Environmental Research，2014,6(8):82-87.

[46] OKADA H，STYLES S W，GRISMER M E. Application of the Analytic Hierarchy Process to irrigation project improvement：Part I. Impacts of irrigation project internal processes on crop yields[J]. Agricultural Water Management，2008,95(3)：199-204.

[47] 吴丹子. 城市河道近自然化研究[D]. 北京:北京林业大学,2015.

[48] HAWKINS C P，OLSON J R，HILL R A. The reference condition：predicting benchmarks for ecological and water-quality assessments [J]. Journal of the North American Benthological Society，2010,29(1)：312-343.

[49] HALL W A，BURAS N. The dynamic programming approach to water resources development [J]. Journal of Geophysical Research，1961(2):510-520.

[50] WONG H S，SUN N Z. Optimization of conjunctive use of surface water and groundwater with water quality constraints[J]. Proceedings Annual Water Resourse Planning and Management and Conference，ASCE，1997,6(9)：408-413.

[51] TORTAJADA C. Water management in Mexico City metropolitan area [J]. International Journal of Water Resources，2006，22 (2)：353-376.

[52] MORENO R S, SZIDAROVSZKY F, AGUILAR A R, et al. Multiobjective Linear Model Optimize Water Distribution in Mexican Valley[J]. Journal of Optimization Theory and Applications, 2010, 114(3): 557-573.

[53] 袁汝华，王霄汉. 基于 Pythagoras-TOPSIS 法的长三角水资源承载力综合评价分析[J]. 科技管理研究，2020,40(15): 71-79.

[54] 吴季松. 以科学管理提高水资源与水环境承载能力[J]. 中国水利，2002(10): 87-89+96.

[55] 沈振荣，李原园，裴源生. 中国农业水资源面临的严峻挑战[J]. 当代生态农业，2001(Z1): 40-58+60.

[56] 李佩成. 试论地下水研究面临的历史转变[J]. 地下水，1999(4): 193.

[57] 孔小婷. 城市河流水污染的防治技术分析[J]. 资源节约与环保，2016(9):263-264.

[58] 刘飞飞，方国华，高颖，等. 基于最严格水资源管理制度的水质型缺水地区节水型社会建设评价[J]. 水利经济，2016,34(5):42-46+63+81.

[59] 王修贵，段永红，张乾元，等. 节水型社会实践与理论研究报告[C]//广西区科协学会部，广西水利学会. 建设节水型社会与现代节水技术论文及有关材料选编集. [出版地不详]:[出版者不详]，2004:30.